KB039979

섬에서의 하룻밤

섬에서의 하룻밤

초판 1쇄 인쇄 2020년 12월 4일
초판 1쇄 발행 2020년 12월 15일

지은이 김민수
펴낸이 정해종
편 집 정명효
디자인 유혜현

펴낸곳 ㈜파람북
출판등록 2018년 4월 30일 제2018-000126호
주소 서울특별시 마포구 양화로 12길 8-9, 2층
전자우편 info@parambook.co.kr **인스타그램** @param.book
페이스북 www.facebook.com/parambook/ **네이버 포스트** m.post.naver.com/parambook
대표전화 (편집) 02-2038-2633 (마케팅) 070-4353-0561

ISBN 979-11-90052-52-8 03980
책값은 뒤표지에 있습니다.

섬에서의
하룻밤

캠핑 장인 김민수의 대한민국 섬 여행 바이블

김민수 지음

파람북

섬을 알아갈수록
섬이 다가왔다

섬 여행을 준비할 때마다 날씨를 꼼꼼하게 체크하곤 했다. 그래서 맑은 하늘과 파란 바다는 매번 당연한 섬의 풍경이었다. 섬은 늘 그런 곳이라 생각했다. 하지만 반복된 섬 여행은 때로 거센 바람과 파도에 꿈쩍할 수 없는 시간까지 끌어안아야 했다. 배낭 무게에 지쳐갈 즈음 바람이 잔잔해지면 언제 그랬냐는 듯 흐르는 평온한 햇살 끝에 붉은 바다가 펼쳐지고, 새벽녘 별빛은 더욱 찬란했다. 그 귀하고 아름다운 섬을 목격하고 나서야 비로소 가슴속 깊이 우러나오는 감탄사를 되뇔 수 있었고, "감사합니다"라고 읊조릴 줄 알게 되었다.

　나의 섬 여행에는 나름의 기준이 있다. 섬에서의 하룻밤은 기본이다. 섬의 정서를 한마디로 이야기하라면 애틋함이다. 머무는 시간이 길면 길수록 그 애틋함도 깊어진다. 더 많은 섬으로 건너가 넉넉한 시간으로 걷고 살펴보자 내가 이전에 알던 섬과 다른 지향점이 보였다. 때론 추운 계절에 다가서 보기도 했다. 어떤 섬들은 비워짐만이 가득하지만, 또 다른 섬은 거대한 공장처럼 생업의 활기로 넘쳐났다. 기술과 문명의 힘이 보태어져 정갈함을 자랑하는 섬이 있는가 하면, 더러 시간이 오래전 낡은 담벼락에 멈춰 선 섬도 있었다. 여행은 그곳의 진실을 마주하는 일이다. 섬을 알아갈수록 섬이 다가왔다.

섬의 무궁무진한 가능성이 새삼 조명받고 있다. 섬은 그 자체로 가치를 따질 수 없이 소중한 관광 자원이기 때문이다. 국가 정책의 방향에는 여러 전문가의 고견이 반영되어 있겠지만, 섬을 사랑하는 여행자의 입장에서 섬에 똑같은 유니폼을 입히는 것만큼은 반대한다. 어떤 섬은 육지와 가까운 곳에 있고 또 어떤 섬은 쾌속선을 타고도 몇 시간씩 가야 하는 먼 곳에 있다. 이렇게 위치와 크기가 다른 것은 물론 서로 다른 역사와 문화 그리고 자연을 가지고 있다. 아무리 작은 섬이라도 그렇다. 그러니 여행자는 '다름'으로 지속되어 온 섬을 자기만의 방식으로 여행할 수 있어야 한다.

일례로 위도나 보길도 같은 섬은 자전거로 여행하기에 그만이다. 암태도, 자은도, 팔금도, 안좌도는 다리로 연결되어 있으니 요즘 유행하는 '차박'이 어울리는 섬이다. 또 굴업도나 매물도는 백패킹으로 다녀와도 좋다. 아웃도어 테마의 섬 여행이 익스트림한 재미를 준다면 민박이나 펜션을 이용하는 여행은 섬 생활과 문화를 쉽게 접하게 해준다. 특히 숙소에서 제공하는 섬 밥상과 자연에서 건져 올린 먹거리에선 섬의 향취가 늘 물씬 풍긴다. 불편해도 즐거울 수 있고, 때론 편안해서 더 즐거울 수 있는 다양한 여행이 섬에서는 다 가능하다.

그래도 팁을 하나 드리자면, 섬 여행을 위해 텐트 하나쯤을 준비하라고 추천하고 싶다. 섬의 매력에 빠지면 계절을 가리지 않게 된다. 하지만 작고 먼 섬 중에는 숙소와 식당 아예 없는 곳도 꽤 많다. 제법 알려진 섬이라 해도 성수기를 벗어나면 여행의 편의를 얻기가 쉽지 않다. 이럴 때 야영을 할 수 있다면 현지 상황의 제약을 넘어 진화할 수 있다. 또 하나를 추천하자면 홀로 떠나는 여행이다. 외로워질 무렵이야말로 가장 섬다운 모습을 보기 좋은 기회다. 먹고 자는 것을 스스로 해결할 수 있다면 두려울 것이 없다. 요즘은 민박 이용객들도 하루쯤은 바닷가에서 텐트를 치고 섬 캠핑을 즐기는 추세다.

섬이니까 허락되는 특별한 경험을 원한다면 조금 더 도전해 봐도 좋겠다. 늦가을과 초봄이라면 지붕은 물론 자동차나 텐트마저 없이 섬의 자연을 만끽할 수 있는 시기다. 차박이 아닌 '비박'을 해보라는 것이다. 물론 성능 좋은 침낭과 커버, 매트리스 등의 장비가 필요하다. 하지만 해충과 뱀 등의 위협이 사라진 이때야말로 자연과 하나가 될 수 있는 멋진 기회다. 침낭에 몸을 담그고 밤하늘에 가득한 별빛을 벗 삼아 잠들었다가 어슴푸레한 새벽빛에 눈을 떴을 때 와닿는 파란 새벽녘의 경험만으로도 섬 여행의 감동은 한없이 부풀어 오른다.

섬이 많아서 참 다행이다. 행정자치부 통계(2016)에 따르면 우리나라에는 총 3358개의 섬이 있고, 그중 유인도만 482개에 이른다. 물론 그 수치 속에는 이미 다리가 놓인 지 수십 년이 지나 섬의 모습과 정서가 희미해진 거제도, 진도, 완도, 남해 등도 포함되어 있다. 10여 년 동안 200회가 넘도록 섬을 여행했지만, 사람이 사는 섬만 따져도 못가 본 섬이 훨씬 많은 셈이다. 아직 발을 내딛지 못한 미지의 섬이 충분히 남아있어 신이 난다면 믿을까?

2017년 10월 말, 그 많은 섬 중에서 20개 섬을 골라 떠났다. 첫 책을 내고 한동안 떠나지 못했던 섬 여행에 대한 갈증이 결국 일을 저지르게 만든 것이다. 백령도부터 외연도, 호도, 어청도, 임자도, 우이도, 조도, 맹골도, 넙도, 보길도, 금당도, 시산도, 연홍도, 거문도, 사도, 욕지도, 매물도, 사량도, 신수도, 우도, 비양도(협제), 울릉도까지 52일간의 긴 여정은 특별한 시도였던 만큼 큰 의미로 남았다.

그 뜨거운 시간을 풀어낸 이 책에는 미래의 섬 여행을 채울 새로운 제안까지 담고자 했다. 충실한 제안을 위해 몇몇 섬은 다섯 번이 넘는 걸음으로 채워 넣었다. 소중하게 남아있는 것들에 이야기를 집중했고, 지켜야 할 것들에 소홀하지 않았다. 최근에는 다리가 놓인 신안의 섬들과 여수의 섬들은 업데이트를 위해 다시 돌아봤다. 비록 여객선이 아닌 자동차를 타고 건너가기는 했지만 섬의 삶과 자연은 예전 그대로였다. 그 정서가 남아있는 한, 다리가 놓여도 아직은 섬이다.

섬에서의 하룻밤이 궁금하다면, 지금 바로 이끌리는 섬으로 떠나 보라고 말하고 싶다. 그곳에는 때 묻지 않은 자연과 그 섬만의 역사와 문화가 숨 쉬고 있다. 하룻밤을 보내야 비로소 보이는 것들이다. 그리고 또 중요한 한 가지, 섬을 지켜온 순수한 사람들이 살고 있다. 주민들의 온기는 폭설에 고립된 새벽, 강풍에 텐트가 휘청이는 저녁 같은 위기의 순간에 더욱 뜨겁게 다가온다. 나에게 베풀어준 그들의 따뜻한 마음도 독자들과 나누고 싶다. 뱃길에서 만나면 더 좋고.

나는, 또다시 먼 섬을 여행하고 있을 테다.

2020년 겨울 상왕등도에서
김민수

차례

Spring _____ 봄

Summer _____ 여름

Autumn _____ 가을

Winter _____ 그리고 겨울

소청도 ●

말도 ●
기점소악도 ●
노대도 ●
만재도 ●
맹골도 ● 관매도 ● 청산도 ●

관매도의 장산평마을 유채꽃밭

봄
—
Spring

머나먼 야생의 섬

맹골도

#맹골수도 #봄섬 #야생 #맹골이 #돌미역 #거북손
#민박없음주의

맹골도로 가는 여객선은 진도 팽목항에서 하루 한 차례뿐이다. 그마저도 직항로가 아닌, 진도 남단의 크고 작은 섬들을 세 시간 넘게 돌고 돌아가는 낙도보조항로를 이용한다. 게다가 여객선은 동·서거차도를 넘어서면 매우 심하게 요동을 친다. 맹골수도라 불리는 이곳은 우리나라에서 진도 울돌목과 장죽수도(장죽도와 상·하조도 사이에 있는 수도)에 이어 세 번째로 유속이 빠른 해역이기 때문이다. 맹골수도는 서해와 남해가 나뉘는 바다 모서리에 있는 탓에 하루 수백 척의 배가 오가지만 수심이 깊고 거칠어서 수많은 선박사고가 있었다.

맹탕 골탕만 먹이는 섬

맹골도란 이름은 '맹수같이 사나운 바다를 끼고 망망대해에 떠 있는 섬'이라는 데서 그 유래를 찾아볼 수 있다. 과거 목포에서 이틀에 한 번씩 여객선이 오가던 시절(6시간 30분 소요)에는 풍랑이 거칠어지면 맹골도 코앞에서 뱃머리를 돌리기 일쑤였다. 그 때문에 섬사람들이 '맹탕 골탕만 먹이는 섬'이라 푸념했다는 이야기가 전해지기도 한다. 9시에 팽목항을 떠난 여객선은 오후 12시 30분이 다 되어서 맹골도에 닿았다.

맹골도는 높이 130m의 깃대산을 중심으로 완만하게 섬 능선이 형성되어 있지만, 북쪽 해안은 해식애가 발달해 있고 무인도인 명도를 앞세운 전

01

02

망은 가히 압도적이다. 맹골군도의 섬들은 공통으로 때 묻지 않은 자연이 만든 그대로의 모습이 두드러진다. 여느 섬에서 흔히 볼 수 있는 펜스나 데크 길 하나 조성되지 않고 손바닥 만한 밭 몇 조각을 제외하고는 마을을 조금만 벗어나도 거리낌 없이 자라난 초지가 구릉을 타고 펼쳐진다.

마을은 폐가가 반이다. 무너져 내리면 내린 대로 녹이 슬면 슨 대로 사람이 떠나면 남겨진 것들은 그렇게 방치되기 마련이다. 맹골군도 섬에 사람이 가장 많이 들어 올 때는 미역 철인 7~8월경이다. 알려진 대로 이곳의 자연산 돌미역은 한 뭇(20장)에 80~90만 원을 호가하는 최상품이다. 그런 이유로 미역 철이 되면 자연 많은 사람이 섬으로 찾아드는데 최소한 이곳에 주소를 두고 있어야 '미역 채취권'을 얻을 수 있다. 물살이 세고 거칠어 양식업을 할 수 없는 맹골도에서 주민의 소득원은 미역 채취 외에 텃밭을 가꾸는 수준의 농사와 톳, 김, 청각 등을 채취하고 고기를 잡아 파는 것이 고작이다. 섬 주변으로 해삼과 전복도 널려 있지만, 주민들의 나이가 많아 물질을 할 수 없으니 그것 또한 언감생심이다.

맹골도의 맹골이

맹골도는 먼 섬이다. 위도상으로 보면 추자도나, 여서도보다 남쪽은 아니지만, 망망대해에 어깨 기댈 섬이라고는 이웃 섬 곽도와 죽도가 고작이다. 지난 맹골도 여행에서는 마을 사람들을 만나기가 쉽지 않았다. 그도 그럴 것이 추워지고 모든 것이 비워지는 계절에 섬을 찾았기 때문이다. 거친 바다 환경 때문에 여객선의 결항 빈도가 잦아지고 일거리조차 마땅치 않은 먼 섬의 주민들은 겨울이 오면 뭍에 나가 생활하다가 봄이 되면 다시 섬으로 들어오곤 한다.

03

04

텐트와 약간의 식량을 배낭에 넣어 간 것은 섬 주민들에게 잠자리나 식사를 도움받지 못하리라는 우려 때문이었다. 텐트를 펼칠 만한 장소를 찾아 헤매고 있을 때 커다란 개 몇 마리가 길을 막아섰다. 녀석들은 동네 불량배처럼 이방인을 응시했고, 결국 지켜보겠다는 눈빛으로 길을 내주었다. 섬 능선에 설영을 하고 물을 구하기 위해 마을로 내려올 때마다 어김없이 부딪쳐야 하는 녀석들은 정말 성가시고 또 두려운 존재였다. 그중 한 마리가 섬을 탐방하는 동안 일정한 간격을 두고 따라붙었다. 그리고 이미 모든 것을 알고 있었다는 듯 숙영지까지 앞서 걷고 사방에 부지런히 영역 표시도 했다. 처음에는 손도 못 대게 하며 경계하던 녀석이 먹다가 건네준 치즈 한 장에 반응을 보이기 시작했다. 결국, 한참의 실랑이 끝에 녀석과는 음식을 나눠 먹는 사이가 되고, 우리의 신뢰는 점차 쌓여갔다.

'맹골이'. 녀석을 맹골이라 부르기로 했다. 맹골이는 마치 함께 캠핑온 개라도 되는 것처럼 어울렸고 익숙하게 텐트 주위를 맴돌았다. 마을로 내려갈 때마다 맹골이는 호위하듯 곁에 붙어 있었고, 길목을 지키는 개들은 투덜거리며 비켜났다. '저 인간에게 도대체 뭘 얻어먹은 거야.'

풍요로운 봄 섬

봄이 되니 마을 사람들이 하나둘 섬으로 돌아왔다. 그중에는 맹골이 주인도 있었다. 맹골이의 본래 이름은 '곰'이었다. 여객선이 들어오는 시간이면 오지 않는 주인을 기다리며 선착장을 배회하던 섬 개들에게도 봄은 행복한 계절이다. 맹골도를 찾을 때마다 알아보고 함께 시간을 보냈던 맹골이의 심경에 변화가 일어난 듯했다. 숙영지를 찾는 일도 없었고 마을에서 부딪칠 때도 무심히 지나쳐 가기 일쑤였다.

묘한 배신감에 휩싸여 있을 무렵, 주민 누군가가 그 까닭에 관해 이야기해 줬다. "암캐가 들어왔지라." 수컷 일색이던 맹골도에 파란이 일었다. 동네 개들은 난리가 나고 정적으로부터 암컷을 지켜야 했던 맹골이는 미처 내게 신경쓸 틈이 없었던 것이다. 꽃이 피지는 않았지만 섬은 생기를 얻었다. 겨우내 몸집을 불린 거북손은 속이 꽉 차게 살이 올랐고, 돌김도 부스스 제법 숱이 많아졌다. 낚싯배를 몰고 바다로 나갔던 노인은 빈손으로 돌아왔다. '아직은 파도가 세드라고. 허탕을 몇 번 해야 봄이 오는 거시제."

거북손 따는 것을 도와 드렸더니 최옥래 할머니가 점심을 차려주셨다. 밥상에는 미역국과 달래무침이 오르고 양푼 가득 삶은 거북손도 있었다. "맹골도 미역국이니께 언능 먹어봐. 상품하고 남은 부스래기로 끓였지만 정말 맛나당께." 고깃국처럼 뽀얗게 우러난 국물의 깊은 맛도 좋지만 꼬득거리는 돌미역의 식감은 일반 미역과는 차원이 달랐다. 봄이 되니 모든 것이 풍요롭다. 산에는 봄나물이 지천이고 바다도 기다렸던 만큼 보따리를 풀어낼 작정이다. 먼 섬에는 사람과 자연의 경계가 없다. 네 것 내 것 없이 함께 나누고 필요한 만큼 가져다 쓴다. 날씨만큼이나 따뜻해진 남쪽 섬은 제법 활기가 넘쳐 보였다.

야생의 맹골도

섬은 뭉그적거리다 과거의 시간을 채 벗어나지 못한 것처럼 보였지만 섬에 발을 내딛는 순간 주어진 하루는 이미 반토막이 나 있었고 그 반마저 냅다 달아나고 있음을 알 수 있었다. 밤이 되었다. 죽도 등대의 불빛이 바다와 섬을 돌아 춤을 추고 그렇게 시작된 또 다른 세상, 청결한 어둠 사이로 촘촘히 쏟아지는 별빛, 그리고도 넉넉히 남아있을 섬 밤. 나지막한 노래가 갈대의 거친 허덕임에 묻히고 난 후, 계절의 한기가 남아있음을 느꼈다.

새벽녘은 좀처럼 잠을 이룰 수가 없었다. 가끔 텐트의 지퍼를 내리고 밖을 내다본 것은 혹시나 하늘과 바다의 신비로운 조화를 잠으로 놓쳐 버리는 것은 아닐까 하는 조바심 때문이었다. 일출까지는 시간이 남아있었지만, 새벽 5시가 조금 넘자 옷을 챙겨 입고 밖으로 나왔다. 어둠이 색을 입고 세상이 되어가는 순간순간, 타임랩스의 영상처럼 경이롭게 찾아들던 맹골도의 아침을 보았기에 기대했던 해돋이는 만나지 못했지만 새로운 날의 시작은 충분히 아름다웠다.

INFO

교통
진도 팽목항에서 매일 1차례
(3시간 26분 소요)

추천 액티비티
낚시, 트레킹,
캠핑(헬기장 뒤편 해안 절벽 초지)

숙박과 식당
식당 없음. 민박 없음

문의
임천동 이장(010-8548-5211), 해광운수(061-283-9915), 섬사랑9호 선장(010-4012-9355)

10

01 맹골도에 들어서면 제일 먼저 찾아가는 명도 앞 해안절벽. 02 절리를 따라 해식동이 발달한 맹골도의 남동 해안. 03 야성적인 캠핑을 즐길 수 있는 해안절벽 위 초지. 04 멀리서 온 섬 여행자에게 주어진 보석 같은 선물, 몽덕도 일출. 05 세 시간이 넘는 긴 항해를 마치고 섬으로 들어서는 순간. 06 지날 때마다 기웃거렸던 전망 좋은 외딴집. 07 영리하고 듬직했던 진돗개 맹골이. 08 EBS《한국 기행》촬영 때 최옥래 할머니가 차려주신 섬 밥상. 09 너무도 찬란했던 맹골도의 밤. 10 1987년 4월에 설립된 맹골도 교회.

남쪽 나라 명품 섬

관매도

#관매8경 #1박2일 #관매마을 #관호마을 #장산평마을
#꽁돌 #하늘다리 #국립공원야영장 #곰솔나무

모처럼 미세먼지 하나 없는 파란 하늘, 여객선은 잔잔한 바다를 가르며 유유히 나아갔다. 하조도, 라배도, 관사도, 소마도, 모도, 대마도 등 크고 작은 섬들은 마치 바다의 정류장과 같았다. 선장은 자상하게도 큰 배를 멈춰 세우고는 고작 한두 명만을 내려주었다. 가까워지고 멀어질 때마다 섬의 모습이 정성스럽게 다가온 까닭이다. 섬들을 하나씩 섭렵해 가는 재미에 푹 빠져 있었던 오전 11시 50분, 여객선이 관매도에 도착했다.

진도 팽목항을 떠난 지 두 시간 만이다. 제주도로 귀양을 가던 선비가 이곳 섬에 당도했을 때 마침 매화가 많이 피어난 것을 보고 '매화도'로 부르기 시작했다. 이후 '매화를 본다'라는 뜻의 '관매도'라는 이름을 얻지만, 세월이 많이 흐른 지금 섬에 매화는 없다. 관매도는 2011년 KBS 예능 프로그램《1박2일》에 소개되면서 대중에 알려지기 시작했다. '국립공원 1호 명품 마을 관매도'라는 영농조합을 만들면서 섬 여행의 명소로 주목받았고, 2015년 전라남도 '가고 싶은 섬'에 선정되면서 보다 단단한 관광 인프라를 갖추었다.

곰솔 숲 가득, 그윽한 커피 향

관매도 역시 식후경, 야영장에 도착하자마자 버너와 코펠을 꺼내고 라면을 끓이기 시작했다. 마지막으로 진도 수산시장에서 사 온 생굴을 한 움큼 넣으니 '굴 라면'이 완성됐다. 국물 맛은 결코 시장했던 탓이 아니라 우거도

될 만큼 기가 막혔다. 바다가 내려다보이는 언덕에 설영을 했다. 라면이 허기를 치워버리기 위해서였다면 커피만큼은 분위기 있게 마시고 싶었다. 체어에 앉아 원두를 갈고 드립퍼에 뜨거운 물을 부어 내리는데, 그윽한 커피 향이 곰솔 숲 가득 퍼진다. 관매도 야영장은 국립공원 시설답게 매우 관리가 잘되어 있다. 화장실과 개수대도 깨끗하고, 야영 데크도 갖추고 있어 캠핑 자체만을 위해서도, 섬 여행을 위한 베이스캠프로도 그만이다.

관매도에 들어오는 두 번째 배는 다른 여러 섬을 거치지 않고 조도만을 거친 뒤 곧바로 들어오는, 이를테면 직항 노선이었다. 꽤 많은 민박객과 캠퍼들이 동시에 섬으로 왔다. 알록달록한 텐트들이 들어서자 야영장에 활기가 넘쳤다. 10년 전 이곳에 처음 왔을 때가 떠올랐다. 야영장과 해변 사이에는 데크 길이 놓여 있었고 섬 곳곳에는 여행자 개인의 음악을 들을 수 있는 장치가 마련되어 있었다. 시간이 흐르는 동안 데크 길은 태풍에, 음악 장치는 사람들 손에 의해 각각 파손되어 사라졌다. 대신 그사이 섬 도서관과 자전거 대여시설이 들어섰다.

관매, 관호 그리고 장산평마을

관매도에는 3개의 마을이 있다. 선착장을 기준으로 좌측의 관매마을, 그리고 우측으로 잘록한 섬 능선을 타고 오른 관호마을, 섬 뒤편 들판의 장산평마을이 그것이다. 마을들은 각기 특색을 가지고 있다.

섬의 숙식은 주로 관매마을에서 이뤄진다. 주민들은 가옥 전체 혹은 일부를 개조, 민박과 식당을 운영한다. 게다가 국립공원 야영장까지 들어서 있으니 먹고 자는 모든 테마가 하나의 마을에서 다 이뤄지는 셈이다. 길이 3km의 관매도 해수욕장은 서남해의 바다치고는 모래가 곱고 물색이 투명하기

로 유명하다. 해질 무렵, 섬과 노을이 어우러진 호젓한 경취는 이곳만의 특별함이다. 해변 뒤로 들어선 곰솔 숲은 수령만도 평균 300년에 이르는 빼어난 자연미로 산림청에서 주관하는 '아름다운 숲' 경연에서 대상을 수상하기도 했다.

관호마을에서는 시간이 더디 흐른다. 자연은 고스란히 남았고 마을에선 옛 정서가 느껴진다. 섬의 상징인 꽁돌과 하늘다리를 만나려면 낡고 빛바랜 어촌 가옥 사이 돌담길을 따라 오르고, 능선 위의 바람막이 우실을 넘어서야 한다. 섬 트레킹은 자연과 사람 사는 마을을 두루 거쳐야 재미도 있고, 그 의미도 배가 된다.

관호마을에는 섬의 특산물인 톳으로 만든 부침개와 쑥막걸리를 파는 집이 몇 군데 있다. 재료가 주는 맛도 맛이거니와 무엇보다 섬 삶에 녹아 있는 특별한 정취가 느껴져 더욱 좋다. 트레킹을 마치고 내려오다 즐겨 찾던 '선미네 집'에 들러 막걸리 한 병을 주문했다. 쓴맛이 덜하고 감칠맛이 있어 주인 어르신께 연유를 물었더니 한약재로 쓰이는 '당삽주'의 뿌리 '창출'을 재료로 넣었다고 했다. 쑥은 이른 봄철에는 신선도가 좋지만, 계절이 지나면 냉동해서 사용해야 하므로 향도 덜하고 맛도 떨어지기 마련이라는 것. 아무튼, 계절별로 다양한 막걸리를 먹을 수 있다면 그것 또한 여행자의 행복이다.

최근 섬마다 유행처럼 짜장면집이 생겨나고 나름 인기를 얻고 있다. 관매도짜장집은 역사만으로도 그 원조 격에 속한다. 톳 짜장면은 맛이 고소하고 면의 부드러움 속에 오독이는 톳의 식감이 새롭다. 해물이 듬뿍 들어간 짬뽕과 탕수육도 평균 이상이다. 거대해진 배를 두드리며 나오는 길에 이 집에서 직접 잡아 말려 파는 반건조 생선을 1만 원어치 샀다. 큰 것 한 마리에

03

작은 것 두 마리, 코펠에 찌거나 프라이팬에 튀기면 별미 중 별미가 된다.

장산평마을은 마치 여정의 덤과 같은 곳이다. 며칠을 머물고도 없는 듯 지나쳐 버리곤 했던 장산평. 10여 가구 남짓한 마을 앞 너른 들판은 사실 관매도의 숨겨진 보석이다. 섬을 대표하는 비경으로 '관매팔경'을 꼽는다. 하지만 봄철, 노란 유채꽃으로 뒤덮인 장산평 들판은 그것을 압도하고도 남는다. 분지와 같이 옴폭 들어간 들판은 섬의 모습과는 또 다른 신비한 장소다. 파도 소리와 바람에서조차 독립된 공간에는 새소리만 가득하다. 그 노란 들판을 산책하는 일은 너무도 서정적이어서 되도록 천천히 아껴 걷는 자신을 발견하게 된다. 절정의 시간이 아니더라도 장산평 들판은 때론 억새의 낙원이며, 또 다른 해변으로 혹은 곰솔 길로 그리고 방아 섬으로 이어지는 한적한 길목이다.

할머니의 작은 슈퍼

관매마을 한복판에는 자그마한 시골 슈퍼가 있다. 블랙커피나 물티슈는 없지만 그래도 생활에 꼭 필요한 부침가루나 라면에 냉동 삼겹살도 있다. 일반적으로 외지인에 대한 섬 물가는 부르는 게 값이다. 최근 다녀왔던 어떤 섬에서는 맥주 한 병이 무려 4000원이었다. 관매마을 슈퍼는 87세의 장영자 할머니가 운영한다. 할머니는 맥주를 2500원에 팔고 있다. 말만 잘하면 말린 생선포를 식칼로 뚝뚝 잘라 직접 담근 고추장과 함께 안주로 내어주기도 한다. 몇 년 전 섬을 찾았을 때는 미역귀를 얻어먹었으니 할머니 인심은 시간이 지나도 변한 게 없다.

맥주를 마시는 동안 할머니의 옛이야기를 듣는 재미도 쏠쏠하다. 조도 면장의 따님이었던 할머니는 쪽배를 타고 관매도로 시집왔다. "내가 젊었을 때는 좀 예뻤지." 할머니의 젊은 시절엔 조도와 제일 가까운 방아섬으로 배가 다녔는데, 해변과 숲속의 학교가 있는 관매도가 정말도 아름다워 보였다고 한다. 일제강점기에 교육을 받아 한때 '주판 할머니'로 불렸던 기억을 뒤로 하고, 이제 할머니는 귀가 어두워져 큰 소리로 이야기를 나눠야 한다. "난 감옥에 간 장영자하고 이름은 같아도 사기를 치고 살지는 않았당께." 그러고 보면 순박하게 살아온 할머니의 삶이 곧 관매도의 살아 숨쉬는 역사가 아닐까?

07

INFO

교통
진도 팽목항에서 하루 2회
(여름 휴가철 운항노선 증편)

추천 액티비티
트레킹, 낚시, 캠핑(관매도 야영장)

뷰포인트
관매도해수욕장, 방아섬, 꽁돌, 하늘다
리, 후박나무(천연기념물), 셋배쉼터,
양덕기미쉼터(우실)

숙박과 식당
솔밭민박(061-544-9807), 낮잠펜
션(010-3328-3971), 송백정(061-
544-4433), 관매도짜장집(010-
2845-2344) 외 다수

문의
관매도(www.gwanmaedo.co.kr), 전남
가고싶은섬(www.jndadohae.com)

PLACE

꽁돌
'관매 8경' 중 하나로 섬의 남쪽 해안에
덩그러니 자리하고 있는 직경 7~8m의
커다란 바위. 지상에 떨어진 옥황상제의
공깃돌이라는 전설이 전해 내려온다. 부
근에 공깃돌을 찾아 나섰던 하늘장사와
사자들의 돌묘가 있으며, 파도에 침식된
해안 지형을 관찰하는 것도 또 다른 재
미다.

하늘다리
우뚝 솟은 바위 봉우리 두 개를 연결해
놓은 다리. 다리의 한가운데 투명창을
설치해 아찔함을 더했다. 아래로 돌을
던지면 3~4초 후에야 바다에 빠지는 소
리가 들려 그 높이가 가늠된다. '관매 8
경'의 하나로 최근 탐방로 종점부에 주
민과 탐방객을 위한 쉼터를 조성했다.

추억의 이발관
관매마을 안에 위치한 재래식 이발관으
로 50년째 운영 중이다. 아직도 바리캉
과 가위로 머리를 깎아 주며 비누거품을
내어 수염에 듬뿍 바르고 가죽띠에 면도
칼을 쓱쓱 문질러 면도를 해준다. 친절
한 사장님이 탐방객들에게 흔쾌히 사진
모델이 되어 주기도 하지만 예약제로 운
영하므로 때를 잘 맞춰 찾아가야 한다.

08

09

01 누구든 걷기만 해도 그림이 되는 관매도 해변. 02 곰솔 숲 아래 펼쳐진 초록 낙원 국립공원 관매도 야영장. 03 '참, 좋다'를 백 번쯤 되뇌었을 장산평마을 유채꽃 들판. 04 꽁돌을 가지고 놀 정도였으면 옥황상제는 거인이었을 듯. 05 섬의 옛 모습이 남아있는 관호마을. 06 관매도의 별미 톳 부침개와 막걸리. 07 젊었을 때는 '한 미모'하셨을 조도 면장댁 따님, 장영자 할머니. 08 섬 할머니들도 즐겨 찾는 재래식 이발관. 09 해가 저물면 또 다른 색으로 하루를 이야기하는 섬.

우리나라 대표 청산려수 섬

청산도

#슬로시티 #도청항 #청산도항 #낙조 #해돋이 #장어 #구들장논
#유채꽃과청보리 #서편제 #봄의왈츠

"오늘은 배가 안 뜬다네요." 민박집 안주머니가 말했다. 그녀의 표정에 걱정이 없는 것은 하루 더 묵어갈 손님이 생겼다는 뜻이다. 그러고 보니 섬에 갈 때 일기예보를 보지 않은지도 꽤 되었다. 미리 살피고 대처하던 여행이 언제부터 이리 느슨해진 걸까?

대중교통에 의지했던 여정이 차를 운전하고 다닌 후부터 많이 달라졌다. 계획대로 해야 한다는 부담도 없어지고 시간에 대한 관념도 희미해졌다. 오늘 하루는 민박집 밖으로 나가지 말고 반성이나 해야겠다. '내키는 대로'란 자유를 빙자한 게으름의 발로가 아닐까? 아무튼, 섬은 정성이다.

여정의 시작과 끝 청산도항

다음날 느지막이 완도연안여객선터미널로 나갔다. 평일이라 여객선은 한산한 편이었고 차량도 어렵지 않게 실을 수 있었다. 완도항에서 청산도항까지는 50분, 바다 위를 날아온 봄바람이 매섭고 차가웠지만, 승객들 대부분은 마스크를 쓴 채 갑판 벤치에 머물러 있었다. 코로나19 시절의 슬기로운 여행법이다. 여객선이 청산도항에 닿았다. 어떤 이유가 되든지 항구에 발을 디디면 시간이 지체된다. 방문자센터에 들러 관광지도도 얻어야 하고 내친 김에 화장실도 다녀와야 한다.

전복, 갑오징어, 소라가 유혹하는 수산물센터를 기웃거리다 식당으로 들

어가 '섬 백반'이나 먹어볼까 고민도 해본다. 공식적인 명칭은 청산도항이지만 이곳 사람들에게는 도청항이 더욱 친근하다. 오랫동안 불러온 이름인데다 항이 속한 마을도 도청리기 때문이다. 도청리에는 면사무소, 한의원, 약국, 주유소, 마트 등 웬만한 편의시설은 다 있다. 그래서 늘 북적이고 또 여행자의 발목을 잡아 멈추게 하는지도 모르겠다.

청산도항은 1930년대부터 1970년대까지 삼치와 고등어 파시가 열려 여름철이면 수십 척의 어선이 몰려들어 성황을 이루었던 곳이다. 안통길로 불리는 청산도항의 뒷골목은 그 시절의 생활 문화를 재현하고 기록해두고 있다. 골목 벽면에 붙어있는 1937년 동아일보 기사가 눈길을 끈다. '청산도 근해안 고등어, 삼치 내습'. 청산도는 2007년 담양 창평, 장흥 유치, 신안 증도 등과 함께 아시아 최초로 슬로시티에 지정되었고, 2018년에 재인증을 받았다. 코로나19 때문에 2020년에는 취소가 됐지만 매년 봄에 '슬로시티 걷기 축제'를 개최한다. 슬로 길은 테마별로 짧게는 2km에서 길게는 6km까지 11개 코스로 이루어져 있으며 모두를 합치면 100리나 된다.

청산도를 여행하기 위해서는 차량을 동반해도 좋지만, 관광객이 붐비는 봄, 가을철 성수기와 주말에는 간편하게 배낭만 메고 들어와 순환버스로 돌아보는 것이 바람직하다. 주중 10회, 주말 12회 운행하는 버스는 5000원만 내면 청산도항을 출발, 주요 관광 포인트를 거쳐 원점으로 회귀할 때까지 얼마든지 내리고 타기를 반복할 수 있다. 또한 투어버스는 해설가가 탑승, 150분간 함께 섬을 돌며 이야기를 전해준다. 투어버스는 예약도 가능하며 요금은 7000원이다.

물 건너간 낙조

  청산도에는 3개의 해수욕장이 있다. 그중 항에서 가장 가까운 지리청송 해수욕장을 찾았다. 1km가 넘는 백사장 뒤로 수령 200년 이상의 해송이 들어서 있고, 그 아래에서 캠핑도 할 수 있게 배려되었다. 이곳은 섬의 대표적 낙조 포인트 중 하나다. 하지만 텐트와 지는 해를 함께 담으려면 해송 숲을 벗어나야 했다. 우람한 나무 굵기에 사이사이의 간격이 좁고 울창하게 뻗어난 가지가 시야를 가렸기 때문이다. 지난 네 번의 청산도 여행에서 제대로 된 낙조를 촬영한 기억은 없다. 결국 해송 숲을 조금 벗어난 해변의 우측 초입에 텐트를 치고 해가 저물기를 기다리기로 했다. 해변 옆 지리마을에서 색소폰 소리가 들려왔다. 적막함에 감성이 더해지니 분위기가 촉촉해졌다.

  항구의 마트에서 사 온 건해초 모둠을 넣어 코펠 밥을 지었다. 톳, 세모가사리, 꼬시래기 등이 들어간 밥은 향은 물론 식감도 괜찮았다. 영양식이 별거 아니라는 생각을 하며 콧노래가 나오려는 순간, 하루해가 저물어갈 방향을 가리키기 시작했다. 웬걸, 방향을 잘못 잡았다. 나뭇가지에 가려도 해

04

05

송 숲 안에 설영을 해야 했던 것. 오늘도 실패라 생각하니 괜한 심술이 났다. '오늘 낙조는 별거 없을 거야, 차라리 구름에나 가려져 버리길.'

청산도 캠핑 여행은 이번이 마지막

지리에서 국화리로 넘어가는 길은 단풍나무가 양옆으로 늘어서 터널을 이룬다. 깊은 가을의 청산도는 아직 보지 못했지만, 초록의 싱그러움이 피어나는 늦봄의 단풍길도 좋아 보였다. 진산리 갯돌해변은 캠핑했던 경험이 있어 낯이 익고 반가운 곳이다. 파도에 실려 가는 갯돌 소리도 평화롭고 방파제가 바닷바람을 막아줘서 생기는 오붓함도 있다. 게다가 이곳은 신흥리 해변과 더불어 해돋이 명소로도 유명한데 그러한 이유를 종합하여 청산도 최고의 야영지로 꼽힌다.

고풍스러운 옛 돌담을 따라 동천리 마을을 산책하던 중, 바닷장어 수십 마리를 들고 있는 어르신을 보았다. 알고 보니 동촌리와 신흥리 앞바다는 장어 산지로 유명하다는 것, 잡아 온 장어들은 배를 갈라 손질 후 높은 장대에 매달아 해풍에 건조한단다. 어르신이 운영하는 동천리 소라민박에서는 장어탕 1인분에 1만 원, 숯불구이는 1만 5000원을 받는다고 한다. 그 얘기를 듣는 순간, 앞으로 청산도 여행은 무조건 민박이라고 굳게 다짐했다.

상서리는 옛 청산도의 자취가 많이 남아있는 곳이다. 오래전 사람들은 돌담을 쌓아 집과 밭의 터를 만들고 그 경계로 삼았다. 그 위로 내린 담쟁이 덩굴은 돌과 한 몸이 되었고 담장을 더욱 단단하게 조였다. 마을 전체가 돌담길로 이어져 있는 상서리는 구들장 논이 지금껏 남아있는 대표적 마을이기도 하다. 구들장논은 얼핏 보면 다랑논과 닮았지만, 구조적인 면에서 많은 차이가 있다. 구들장논은 논바닥에 돌을 온돌 구들처럼 깔고 그 위에 흙

을 덮어 만들었다. 그리고 논바닥 아래에 통수로를 만들고 물을 흘려 보내 아래 논을 채운다. 구들장논은 국가중요농업유산 1호로 지정되었는데 급한 경사지에 물빠짐이 심한 토양 등 척박한 자연환경을 극복한 역사적 사례였 다는 점에서 높이 평가된다.

봄, 봄, 봄

청산도의 봄은 특별하다. 당리 언덕과 도락리 포구까지의 비탈면을 빼곡 하게 채운 노란 유채꽃과 청산도 전역에서 넘실대는 청보리를 만날 수 있 다. 유채꽃이 봄의 시작을 의미한다면 청보리의 수확은 봄이 끝나감을 알린 다. 청보리가 수확된 자리에서 곧바로 모내기가 시작되기 때문이다.

영화《서편제》의 마지막 장면은 당리 언덕에서 촬영됐다. 유봉일가가 '진 도아리랑'을 부르며 덩실덩실 춤을 추고 내려오는 5분 20초의 롱테이크는 청산도를 상징하는 멋진 장면으로 남아있다. 당리 언덕 안쪽에는 TV 드라 마《봄의 왈츠》세트장이 세워져 있다. 윤석호 감독의 계절 시리즈《가을동 화》와《겨울연가》,《여름향기》)의 완결편인《봄의 왈츠》는 애초 만재도로 정 했던 주 무대를 청산도로 옮겼다. 청산도에게는 행운이었다. 누구라도 애정 하는 유럽풍의 하얀 세트장은 봄 유채꽃, 여름 해바라기, 가을 코스모스 등 계절마다 꽃을 바꿔가며 관광객을 유혹한다. 종영 15년이 지난 지금도 청산 도에서 봄의 왈츠가 들려오는 까닭이다.

하늘, 바다, 산 모두가 푸르러 청산(靑山)이라는 이름이 전혀 버겁지 않은 섬. 이곳저곳을 돌아보고 채웠으니 다음번 청산도 여행에선 조금 비워도 좋 겠다는 생각을 했다. 한적하고 평화롭던 동촌마을이 오래도록 가슴에 남았 다. 장어 때문일까?

INFO

교통
완도연안여객선터미널 하루 7회

추천 액티비티
트레킹, 라이딩, 캠핑, 낚시 등

뷰포인트
서편제 촬영지(드라마《봄의 왈츠》촬영지), 지리청송해수욕장(일몰), 진산리 갯돌해변(일출), 상서마을 옛담장, 신흥리해수욕장(풀등), 범바위 외

숙박과 식당
청산도한옥펜션(010-2590-3130), 소라민박(010-9327-8833), 어부횟집(061-552-8517), 상서돌담식당(061-552-8595) 외 다수

문의
청산도(www.cheongsando.net), 완도관광문화(www.wando.go.kr/tour)

PLACE

범바위
범의 형상을 닮았다는 청산도 남쪽에 있는 바위다. 바위 앞에서는 강한 자기장이 발생해 나침판이 무력해지거나 휴대전화 배터리가 눈에 띄게 줄어드는 현상이 벌어지기도 한다. 또한, 우리나라에서 자연 상태의 음이온이 가장 많이 방출되는 바위로 알려져 기와 활력을 받기 위해 많은 관광객이 찾아든다.

고인돌/하마비
읍리마을에 보존되고 있는 청동기시대의 무덤 양식 지석묘는 밑에 기둥이 없는 남방식 고인돌로 3기가 원형 그대로를 유지하고 있다. 그리고 하마비 뒷면에는 음각 마애불이 새겨져 있는데 재래신앙과 불교가 융합된 것으로 풀이된다. 지위가 높은 사람도 하마비 앞에서는 말에서 내려야 한다는 속설이 전해진다.

향토역사문화전시관
향토역사문화전시관은 일제강점기에 지어진 옛 면사무소 건물을 리모델링한 건축물로 2012 '제7회 한국농어촌건축대전'에서 대상을 차지했다. 특히 청산도의 돌을 자재로 사용한 외벽을 그대로 유지하고 천장은 제거해 목조 지붕 구조물을 고스란히 드러나게 했다. 이곳에서는 청산도의 자연과 생활상을 주제로 한 작품들이 주로 전시된다.

01 '한국의 버뮤다'라 불리는 청산도 범바위의 우렁찬 자태. 02 파도가 전해주는 청아한 갯돌의 울림, 진산리 갯돌해변. 03 청산도항 파시문화거리에 붙어있는 빛바랜 고등어 파시 신문 기사. 04 당리 언덕에서 도락리 포구까지 이어진 유채꽃 물결. 05 바람이 많아 야영할 때 안전에 특히 유의해야 하는 청산도 해변. 06 척박한 자연환경을 극복한 섬사람들의 지혜 구들장논. 07 꼭 한 번 머물고 싶은 마을 동천리. 08 옛 면사무소를 리모 델링한 향토역사문화전시관. 09 슬로시티 청산도의 상징, 달팽이. 10 계절을 맞이하는 청산도의 첫 번째 포토 스폿 드라마《봄의 왈츠》세트장.

내 꿈속의 섬 하나

노대도

#무인도 #무채색바람 #진정한힐링 #농어 #목사님
#작지만소중한인연

안좌도 읍동선착장에는 탐방객을 반기는 특별한 캐릭터가 있다. 사색, 독서,
낚시, 기타 연주 등 저마다의 재능을 뽐내는 사슴 조각들이 바로 그것이다.
사슴은 안좌도가 낳은 세계적인 추상화가 김환기 화백의 그림에 자주 등장
하는 소재이며, 1958년에 발표된 그의 대표작의 타이틀이기도 하다. 작은
공원과 건물의 담벼락에 새겨진 화백의 자취를 살살펴가며 1km가량 걸어
가면 읍동 읍내로 들어선다.

　제일 먼저 찾아간 곳은 마트. 개인이 운영하는 곳이지만 섬에 있는 것치
고는 규모도 크고 웬만한 식·생활용품들을 대부분 갖추고 있다. 무인도 탐
방을 위해 간단한 식재료를 구입하고 농번기 섬사람들이 그래왔듯이 날두
부와 막걸리로 허기도 채웠다. 안좌도는 자은, 암태, 팔금으로 연도된 면 단
위 섬 군락의 가장 아래쪽에 자리하고 있으며, 서쪽으로는 상, 하사치도 남
쪽으로는 반월, 박지도, 또 남동으로는 자라, 부소도로 이어지는 작은 섬들
의 모섬이기도 하다.

　노대도를 향해서
　북지선착장까지 가는 버스가 들어왔다. 낯익은 기사분께 인사를 건네자
배낭을 짊어진 행색에서 기억을 더듬어낸 그는 "또 사치도에 들어가세요?"
라며 반갑게 맞아줬다. "아니요. 이번에는 노대도로 갑니다." 북지선착장에

01

02

서 사치도를 오가는 도선의 운행은 섬 교회 선교사가 맡고 있는데, 그와의 인연으로 당시 부재중이던 목사님을 소개받았고 무인도인 노대도까지 배를 빌려 탈 수 있게 되었다. 사치도에서 태어나 그곳에서 유년 시절을 보낸 목사님은 주로 서울에서 목회 일을 보고 있지만, 한 달에 한 주 정도는 고향에 내려와 있다고 했다.

목사님의 서글서글하고 재치 있는 말솜씨에 서먹함이 사라지자 비로소 바다와 섬들이 눈에 들어오기 시작했다. 사치도 앞에는 고기잡이배와 부부의 조형물이 세워진 무인도가 있다. 세 개의 섬이 이어져 '삼도'라 불리는 곳이다. 여러 차례 도초와 비금도를 오가면서도 무심코 지나쳤던 바닷길 너머의 작은 섬, 해초로 뒤덮인 갯바위에 오르니 감회가 새로웠다. 부부상의 표정에는 거친 바다와 싸워가며 생존을 이어갔던 섬사람들의 애달픈 삶이 고스란히 그려져 있었다. 남편과 노전배를 바다에 보내고 무사함을 빌어야 했던 아낙들의 간절함도 읽을 수 있었다.

떠난 사람들, 그대로 남겨진 섬

얼마 후 배는 노대도의 동쪽 해안에 닿았다. 향토사학자 김정호가 전남 지역 250여 개 섬을 답사한 기록을 담은 《섬, 섬사람》(1991, 호남문화사)에 따르면 1970년대만 해도 전남 지역에 정기 항로가 없는 섬은 118곳에 달했다고 한다. 당시 그런 섬들은 봉화가 의사소통수단이었는데 현재 무인도가 되어버린 노대도에는 30여 명이 살았고, 섬 주민이 이웃 섬에 갔다가 되돌아올 때는 봉화를 올려 배를 보내달라 했단다.

서쪽의 비금도를 든든한 버팀목으로 세우고 서남의 상수치도 동남의 상사치도와 더불어 삼각 해역을 이루고 있는 노대도는 면적 0.66km² 해안선

길이 3.2km로 무인도치고는 결코 작은 섬이 아니다. 상수치도와 상사치도 역시 사람이 살지 않는 섬이 되었으나 썰물 때면 하수치도, 하사치도와 각각 이어지니, 따지고 보면 기댈 섬 없이 홀로 외로운 것은 노대도뿐이다.

배낭을 내려놓고 텐트를 칠 만한 곳을 찾아 나섰다. 섬의 속살을 헤집어 들어가는 일은 여간 조심스럽지 않다. 내버려진 섬에는 뱀이 많다는 속설 때문이다. 사람이 거주했던 흔적은 곳곳에 남아있다. 하지만 그들의 생활터는 이미 높게 자란 잡풀과 무성한 나무들로 덮이고 길 또한 찾아내기가 어려웠다. 전봇대가 있는 것으로 보아 전기가 공급되었던 섬이라 추측되었다. 고라니 한마디가 후다닥 시야를 스치고 사라져 갔다. 척박한 환경에 늘 부족했던 식량과 물 그리고 반복되는 자연재해 앞에서 애써 꾸며놓은 터전은 쑥밭이 되기 일쑤였을 것이다. 이쯤이면 섬 생활이란 고단함을 넘어선 고통의 짐이 아니었을까. 더 나은 삶을 꿈꾸며 결국 자식들을 뭍으로 내어보내고는 자신도 떠날 날을 손꼽아 기다리거나 아니면 세월 속에 묻혀 갔을 테지. 마지막 주민이 노대도를 떠난 후 30년 가까이 흘렀다.

무채색 바람

물이 빠지자 갯벌은 광활한 민낯을 드러냈다. 부삽을 사용해 단단한 모래 땅을 파내고는 팩을 박고 타프를 설치했다. 섬도 사람도 마냥 한적했던 점심 나절, 사색은 무인도의 바람이 훨씬 거칠다는 것은 기분 탓일 거란 생각에서 멈췄다. 뭔가 성과가 있었으면 좋겠다고 생각하는 순간 일행이 제법 커다란 농어 한 마리를 낚아 올렸다.

하루의 색이 바래가자 바람은 더욱 묵직하게 몰아치기 시작했다. 타프를 걷어내고 쉘터를 피칭, 오붓한 공간을 만들어냈다. 각자의 잠자리도 미리 봐

두고는 해변에 밀려든 잡다한 물건 중 쓸만한 것을 골라냈다. '바닷물에 오랫동안 씻기고 뜨거운 태양광에 말려지면 자연 소독되는 것이 아닌가?' 위생에 대한 아무런 의심 없이 저녁거리가 차려졌다.

텐트마다 랜턴을 켜서 저마다의 색을 밝혀내지 않았다면 무인도는 온통 무채색투성이였을 것이다. 적절한 조화라고 여기며 저무는 하루를 담담히 맞이하는 시간, 플라스틱 바구니를 엎어 만든 식탁에는 농어회가 올랐고, 그로 인해 너무나 행복해졌다. 물이 어찌 들고 또 나는지, 무인도의 밤은 그렇게 깊어만 갔다. 별 하나 없는 밤, 파도가 부서지는 소리가 익숙해지고 그리 가물거리다 점점 멀어져가면 아스라이 사라지는 내 꿈속의 섬 하나, 노대도.

소중한 인연

바다와 함께 밀려든 무인도의 아침, 청량한 공기에 씻긴 바다에선 비린내가 나지 않았다. 불과 하루를 있었을 뿐인데 일행들의 몰골은 로빈슨 크루소를 닮아 있었다. 달걀과 베이컨을 아껴두었던 것은 참으로 잘한 일이었다. 거기에 바닷게를 잡아 프라이팬에 튀겨내어 인상적인 아침상을 보았다. 딱히 할 일이 없다는 것이야말로 진정한 힐링, 해가 적당히 오르기를 기다려

주변을 정리하고는 갯바위에 올라 목사님의 배를 기다렸다.

"아직 배 시간은 여유 있으니 좀 놀아 봅시다. 일단 노를 저으시고." 내게는 노 대신 삽자루 하나가 쥐어졌지만, 열심히 저어야 했다. 목사님은 연신 그물을 던졌다. "어제 저희가 농어 한 마리 잡았는데요, 크기가 60cm는 되었을 거예요"하며 자랑을 하자, 비웃음을 한 방 날린 목사님은 "그런 건 여기서는 널려 있어요, 농어 50마리, 장어 100마리는 잡아야 먹을 만하죠."

하지만 그의 그물질은 매번 허탕이었고, 호언은 허풍이 되었다. 그래도 다시 찾아온다면 사치도의 오만 가지 먹거리를 아낌없이 제공하겠다는 목사님의 약속에는 진심이 담겨 있었다. 소소한 인연에 베풀어준 작은 배려 덕에 여정의 마무리는 유쾌함을 얻었다. 그뿐만이 아니었다. 비금도 가산선착장까지 데려다준 그에게 배 삯을 드리겠다고 했더니 알아서 달라 하고는 그 돈의 일부를 다시 내어줬다. "저기 가게에 가서 맥주 좀 사 오시오." 그리고는 작별의 시간을 나누자 했다. 시간이 지나도 가산선착장에서의 그 맥주 맛을 잊지 못하는 것은 섬을 찾아 떠나는 이유가 고스란히 술잔에 담겨 있었기 때문이다. 작은 인연조차 귀하게 여기는 사람들, 웅크린 일상이 지루하다 느껴질 때 즈음에 그를 다시 찾아나서 볼까?

INFO

교통
사치도, 비금 가산항에서 낚싯배 대여

추천 액티비티
낚시

뷰포인트
동쪽 해변 일대, 북쪽 갯바위

숙박과 식당
없음

문의
사치도 도선장(010-9319-7695),
비금도 낚시배(황상권 010-3886-
1250)

07

01 노대도까지 일행을 데려다준 사치 교회 목사님의 작은 선외기. 02 오로지 자연만이 공존하는 무인도는 그야말로 야생이다. 03 오래전 노대도는 전기가 들어왔고 주민들이 농사를 지었던 섬이다. 04 무성한 풀숲 사이 숨어있는 생활의 흔적. 05 저마다 다른 무언가에 심취해 있는 안좌도 읍동선착장의 사슴 조형물. 06 야전삽이 들어가지 않을 만큼 단단한 노대도 모래사장. 07 헤어짐이 아쉬운 목사님과 일행들. 08 물이 들어오면 고립이 진해져 더욱 쓸쓸해지는 무인도. 09 육지든 무인도든 세상의 아침은 희망이다.

봄 햇살에 흐드러진 먼데 섬

만재도

#먼데도 #서두르지말것 #삼시세끼 #내맘대로슈퍼 #짝지 #등대
#산책로 #거북손 #홍합 #육년에세번

여객선은 가거도항에 한 시간가량 머물렀다. 그사이 선원들은 점심 식사도
하고 육지로 나가는 짐도 갑판에 실어 올려야 했다. 오후 한 시, 엔진이 돌고
뱃고동이 길게 울었다. 그리고 가거도항이 멀어지기 시작했다. 배는 다시 목
포와 가까워지고 있었지만, 마지막 섬이 남아있다. 가거도까지 4시간의 긴
항해를 하고도 객실에 앉아 한 시간을 기다렸던 몇몇 어르신들에게는 집에
다 와 간다는 설렘이 있었을까? 40분 후 선내 방송이 있었다. "만재도에 내
리실 분들은 잊으신 물건 없이 하선 준비를 해주시기 바랍니다." 형식적 멘
트에 한마디를 덧붙여도 좋겠다는 생각을 했다. "오랜 항해에 정말 수고 많
으셨습니다."

여행이 행복한 까닭

배낭을 들쳐 메고 갑판으로 나가자 바다 한가운데까지 종선이 다가와 익
숙하게 뱃머리를 대었다. 육지로 나가는 물건을 여객선에 옮겨 싣고 사람
이 내리고 나면 훨씬 많은 짐이 종선에 태워진다. 숙련된 선원들의 손놀림
은 재빨랐고, 그 짧은 사이 종선은 어미의 젖을 빠는 강아지처럼 큰 배에 달
라붙어 있었다. 만재도 선착장에 리어카 몇 대가 나타났다. 섬으로 전해지는
생필품들을 집으로 가져가기 위해서다. 섬은 무척 한적해 보였다. 몇몇 가구
를 제외하고 주민의 대부분은 겨울을 나기 위해 육지로 나가서 아직 돌아오

01

02

지 않았다.

만재도는 참 먼 섬이다. 오죽했으면 섬의 옛 이름도 '먼데도'였을까? 그래서인지 만재도에 들어서면 불현듯 강한 고립감에 휩싸이게 된다. 배 시간을 포함해서 정해진 것들이 때에 따라 무의미해지면 스스로 결정할 수 있는 것은 아무것도 없다. 대개의 여행은 계획의 범주 안에서 예측된 일정에 따라 편안하게 이어지게 마련이지만, 이렇듯 가끔 직면하게 되는 낯선 감정들은 여정의 식상함을 넘어서는 새로운 자극이 되기도 한다.

오랜 섬 여행에 지쳤던 탓일까? 몸살 기운에 기력마저 빠져 있음을 느꼈다. 게다가 비 소식까지 있다고 하니 선뜻 야영에 나설 용기가 생기지 않았다. 선착장을 지나는 아주머니께 물었다. "혹시 민박하는 집이 있을까요?" 아주머니는 웃으며 따라오라고 했고, 곧 그녀의 집으로 안내되었다. "지금 섬에서 민박하는 집은 없어요. 작은방을 쓰도록 하세요." 살림살이가 남아 있는 방은 작지만 따뜻했고, 으스스했던 몸을 뉘니 살 것만 같았다. 저녁상에는 제육 두부김치와 해물부침개 그리고 김국이 올랐고, 집에서 만들었다는 막걸리가 곁들여졌다.

메뉴의 반은 육지에서 들여와야 하는 것들이었다. 함께 식사했던 발전소 직원은 이곳 생활이 마치 유배와 같다고 했다. 휴가를 위해 나가고 들어오는 뱃길에서 멀미로 고생했던 얘기며 손바닥만 한 섬에서 일과 외의 무료한 생활들에 관해 이야기를 나눴다. 문득 여행이 행복한 것은 생활이 아니기 때문이라는 생각이 스쳤다.

   느릿느릿 만재도 돌아보기

   이튿날, 푹 자고 나니 몸이 한결 가벼워졌다. 간간하던 비와 구름이 걷힌 사이를 미세먼지가 비집고 들어와 차지하고 앉았지만, 날은 온화했고 하늘은 분명 파랗게 변해가고 있었다. 만재도는 현재 흑산면에 속해 있다. 하지만 1980년대 초반까지만 해도 진도군 조도면의 섬이었다. 지도에서 보면 흑산도와의 거리보다 조도와의 거리가 더 가깝다. 맹골군도의 죽도에서 서쪽을 바라보면 망망대해에 홀로 떠 있는 섬이 만재도다. 과거 전갱이와 참조기가 많이 잡혀 풍요를 누리던 시절을 뒤로하고도 만재도는 주변 섬들보다 어획량이 좋고 부근 무인도 등에서 거북손, 홍합, 배말, 돌미역, 가사리 등

다양한 해산물들이 채취되었다. 주민들은 그 덕에 자식들 교육도 시키고, 뭍에 거처도 하나씩 마련할 수 있었다.

하지만 자연이 내어주는 선물은 무한하지 않으며 그것에 의지해 살던 사람들 또한 늙고 쇠약해지기 마련이다. 섬의 면적은 0.59km^{2}에 지나지 않는다. 그래서 이 섬을 여행할 때는 서두르거나 부지런해서는 안 된다. 마치 맛있지만, 양이 모자란 음식을 먹듯이 찬찬히 음미하고 느끼며 즐겨야 하는 섬이 바로 만재도다.

만재도에는 최고점이 177m에 불과한 마두산을 배경으로 단 하나의 마을이 들어서 있다. 섬마을의 옛 정취가 남아있는 낡은 가옥과 가옥 사이에는 사이사이 좁다란 돌담길이 미로처럼 늘어섰고 간간이 밭들도 옹색하게 놓였다. 그중에는《삼시세끼》세트장으로 사용했던 마당 너른 집도 성수기 때만 간혹 문을 연다는 '내 맘대로 슈퍼'도 있다. 마을 앞 바닷가에는 '짝지'라 불리는 몽돌해변이 초승달 모양으로 가느다랗게 펼쳐져 있다.

6년 전 이 섬을 찾았을 때는 그 몽돌 위에 텐트를 치고 밤새도록 파도 소리에 심취했다. 그러나 돌이켜보면 대신 마을 사람들의 걱정을 한몸에 받았던 것 같다. "아니, 저게 무슨 짓이여, 춥지도 않은가벼. 신경 쓰여 죽겠네."

몽돌해변 뒤편으로는 주상절리의 벽을 타고 섬 능선이 길게 뻗어 있다. 만재도의 오롯한 모습을 감상하려면 마구산보다는 오히려 능선이 적당한 장소다. 마을과 선착장 그리고 마구산, 섬을 둘러싼 무인도까지, 만재도는

어느 곳 하나 소홀함 없는 훌륭한 자연미를 가졌다. 보건소는 마을에서 가장 큰 건물이다. 그것이 들어서 있는 자리는 과거의 학교 터이고 마당 건너편에는 섬에서 유일한 펜션이 들어서 있다.

　봄이 되었지만, 여행자나 낚시꾼이 뜸한 탓일까, 펜션은 아직 올해 영업을 시작하지 않았다. 발전소 옆길로는 마두산으로 오르는 산책로가 마련되어 있다. 만재도의 섬 모양이 T자라 한다면 동서로 솟은 가로 능선은 거친 바다를 온몸으로 막아서고 있는 형국이다. 따라서 풍파에 깎여나간 해안 절벽이 아름답고 짙푸른 바다와 어우러진 풍색 또한 절경을 이룬다. 만재도 등대는 마구산 정상부에 있다. 이 자그마한 등대는 34km 동쪽의 맹골죽도 등대와 더불어 제주 서쪽 해역과 서해안 항만을 오가는 선박들에 중요한 지표가 된다.

막걸리에 거북손

마구산을 내려오니 점심때가 다 되었다. 점심상을 차려준 민박집 내외분은 오후 배로 목포에 나갈 예정이다. 하루의 야영을 계획한 내게 김치와 막걸리를 내어주고 바깥 화장실을 사용할 수 있도록 배려해 주었다. "뭐 더, 필요한 거 없어요?" 몇몇 주민들에게 묻으로 나가자 섬은 더욱 고요하게 느껴졌다. 혹시나 남아있는 주민들이 신경 쓰이지 않도록 콘크리트 포장길이 끝나는 남쪽 포구의 바위 앞에 배낭을 내려놓았다. 바람도 잔잔하고 봄기운이 완연하니 텐트는 생략하고 침낭과 비박색(Bivouac sack)만으로 잠자리를 꾸몄다.

하루를 머물 때는 섬을 빨리 살펴야 한다는 조바심이 있었지만. 두 번째 날을 온전하게 머무는 느낌은 사뭇 느긋하고 평온했다. 달콤한 섬 공기를 맡으며 낮잠을 즐기고 나니 배가 출출해졌다. 민박집에서 내어준 막걸리에 적당한 안주를 찾아 갯바위를 뒤져 보는데 파도가 밀려 부서지는 경계의 틈 사이에는 어김없이 거북손들이 자리를 잡고 있었다. 그것을 따서 삶아 먹으니 막걸리와의 궁합이 절묘했다. 만재도 부근에서 채취된 자연산 해산물 중 홍합과 거북손은 크고 맛도 좋기로 유명하다. 이것들은 다른 해산물들과 같이 급냉되어 목포로 보내지는데 '청정마을 만재도(www.manjaedo.com)' 사이트를 통해 일반 소비자에게 판매되고 있다.

6년에 세 번 있는 행운

무인도 옆 고깃배 하나, 초저녁 별, 저물어 가는 마을 풍경이 섬의 정서라면 드립 커피의 향기, 어울리는 음악, 거슬리지 않는 랜턴 불빛 역시 캠핑만의 특별함이다. 다음날 오후 배는 제시간이 되어도 들어오지 않았다. 종선 앞에서 한참을 기다리다 마을 사람에게 물으니 안개 때문에 목포 출항이 늦었다고 한다. 한 시간쯤 지났을까? 발전소 직원이 뭍으로 나갈 채비를 갖추

고 선착장으로 왔다.

"배가 늦게 온다고 하죠?"

"네, 그렇다고 하더라고요."

"운이 참 좋으시네요."

"네?"

"아침에 안개가 많으면 결항이 되기 일쑤인데요. 만약에 늦게라도 출항을 하게 되면 돌아갈 때는 거쳐 가는 섬들을 모두 패스하고 목포로 바로 갑니다. 시간은 훨씬 단축되죠. 제가 이곳 발전소에 발령받은 지 6년 되었는데요. 오늘이 딱 세 번째입니다."

6년에 세 번 있는 날이라니, 정말 행운일까? 돌아가는 종선 뒤로 햇살에 흐드러진 봄 섬 하나를 보았다.

INFO

교통
목포연안여객선터미널 하루 1회 (6시간 소요)

추천 액티비티
트레킹, 낚시, 캠핑(짝지해수욕장)

뷰포인트
마구산, 짝지해수욕장, 미남바위, 주상절리

숙박과 식당
식당 없음. 만재도펜션(061-275-1185), 최상복 씨 민박(010-6262-7193)

문의
청정마을 만재도 (www.manjaedo.com)

01 만재도의 지형은 크게 T자 형태를 이룬다. 02 밀물이 되면 마을 앞에 만들어지는 바닷물 호수. 03 TV 프로그램《삼시세끼》가 촬영되었던 바로 그 집. 04 만재도 주변에서 채취되는 엄청난 크기의 자연산 홍합. 05 먼바다의 거친 파도와 바람이 만들어 낸 기암괴석의 전시장 만재도 06 막걸리가 곁들여진 정성 가득한 섬 밥상. 07 선착장에서 마을 끝까지 몽돌로 이어진 짝지해변. 08 처마 끝까지 쌓아 바람의 방패막이 역할을 하는 돌담. 09 바다 가운데서 여객선을 맞이하는 만재도 종선. 10 초봄은 침낭과 비박색만으로도 여행이 가능한 귀한 시기다. 11 먼 섬이라 더욱 애틋하게 느껴졌던 만재도 표지석.

마지막은 아니겠지요

말도

#고군산군도의끝섬 #천년송 #갈매기 #군산말도습곡구조 #말도등대
#탐방로산책

장자도, 관리도, 방축도, 면도, 말도를 1일 2회 운항하는 장자훼리호, 나는
오늘 1시 30분에 출항하는 여객선의 유일한 승객이다. 목적지 말도까지는
1시간 50분 정도가 소요된다. 날씨가 좋지 않았기에 여객선 후미에 나아가
지나는 섬들의 풍광을 담기보다는 늘어지게 한잠 자두는 편이 나을 거라 생
각했다. 따뜻한 전기온돌 바닥에 겉옷과 비 맞은 카메라를 늘어놓고 몸을
뉘니 기분이 한결 좋아졌다.

　봄비 내리는 섬
　드디어 말도, 그러나 봄비는 그칠 기미조차 없었고 강한 바람까지 더해져
모자와 재킷 후드를 뒤집어써야 했다. 혼자만의 여행에서는 머물 곳에 대한
걱정은 없는 편이다. 천천히 섬을 살피다 보면 어디 민박 한 채, 텐트 한 동
설영할 곳을 못 찾아내겠는가? 하지만 오늘처럼 비수기 평일에 악천후라면
얘기가 달라진다. 선착장과 마을을 뒤로하고 해안을 따라 걷기 시작했다. 불
과 0.36km²의 면적, 고군산군도의 끝에 위치해 말도라 불리는 섬, 내항 끝
으로 커다란 바위 위에 소나무 한그루가 우뚝 서 있는 모습이 눈에 들어왔
다. 이름하여 '말도천년송', 수령이 천년이나 되었는지는 알 수 없었으나 때
마침의 비바람 속에서도 초연한 자태가 기품있게 느껴졌다.
　더불어 천년송 주변은 바다 갈매기의 서식처로 해마다 5월이면 갈매기

수만 마리가 모여들어 장관을 이룬다. 말도의 남동쪽 해안 절벽은 천연기념물로 지정되어 있다. 일명 '군산 말도 습곡구조'라 불리는 이곳의 지층은 약 5억 9000만 년 전인 고생대 선캄브리아기에 형성되기 시작했다. 섬세한 물결 모양의 지층은 말도 해안의 침식된 절벽에 뚜렷하게 나타나 있는데 오랜 세월의 지각 운동으로 습곡의 형태가 변했음에도 선캄브리아기의 암석 구조를 유지하고 있어 보존 가치를 높게 평가받고 있다.

말도 등대와 성난 투사의 우중 트레킹

말도 등대는 일본 제국주의가 대륙 진출을 위해 1909년 건립했고, 그 후 1989년 백색의 원형 콘크리트 구조물로 새롭게 지어 서해안과 군산항을 오가는 선박들의 길잡이가 되고 있다. 잠시 항로표지관리소 사무소에 들리니 근무 중이던 등대원이 반갑게 맞아 주었다. 커피 한 잔을 얻어 마시며 이런저런 이야기를 나누던 중, 간혹 등대를 찾는 야영객들에 관한 입장을 들을 수 있었다. "시설이야 등대를 관리하고 운영을 위한 것인데 야영을 할 수 있겠냐는 문의가 오면 저희는 몹시 난감합니다. 인터넷 등에서 사진까지 찾아내서 누구는 허락하고 누구는 못하게 하냐고 화를 내는 분들도 계셔요." 멋진 풍광과 안락한 캠핑 환경에 대한 유혹이야 충분히 이해가 되었지만, 등대나 전망대 등 용도가 정해진 시설에서의 야영은 캠퍼들 스스로 의식 변화가 필요한 부분이다. 제비 한 마리가 사무실 안으로 날아들었다.

"섬에 근무하는 것이 외롭지 않으세요?"

"세 명이 근무하는데, 가족 같은 부분도 있고 또 주말이면 교대로 뭍에 나갈 수 있으니까 괜찮아요."

말도 등대와 마을은 섬 능선 위의 탐방로를 따라 이어진다. 탐방로는 일부 구간의 나무 데크 길을 포함해 비교적 잘 정비되어 있었고, 오르내림이 완만하여 편안한 느낌이었다. 그러고 보니 섬길이라고 해봐야 선착장에서 해안을 따라 들어와 등대에 오르고 능선을 타고 마을과 선착장까지 돌아나가는 그것이 전부다. 1km도 채 못 될 것 같은 탐방로 끝에는 운동시설과 정자가 하나 있었고, 여기서 길은 갈라져 마을로 내려가거나 작은 봉우리를 향하게 된다.

이때 다소 주춤했던 비가 다시 내리기 시작했다. 초록은 시야를 빽빽이 가리고 가끔 휘몰아대었을 바닷바람에 길은 온통 나뭇잎과 잔가지투성이였다. 스산한 가을이 연상되는 봄날 오후, 날씨는 을씨년스럽기까지 했다. 한가로이 자연을 음미하고 즐기기는커녕 어찌 보면 마치 성난 투사처럼 비속을 용감하게 걷고 있는 꼴이었다. 마을은 구릉 아래 낮은 경사지에 아담하

03

게 펼쳐져 있었다. 30여 가구가 채 되었을까? 곳곳에 민박을 알리는 표식이 있는 것으로 보아 주말이나 성수기에는 찾아오는 낚시꾼이나 관광객도 많이 있으리라 짐작되었다. 폐자재가 어지러이 놓인 옛 학교터는 오랫동안 방치된 듯하여 아쉬움이 있었다. 차라리 잡풀을 베어내고 야영장으로 활용하면 어떨까 하는 생각이 들었다. 오붓한 바다와 작은 선착장이 내려다보이는 전망에 마을과도 가까워 여러모로 이점이 있어 보였다.

어쩌면 말도 등대의 마지막 등대원
비는 마지막 발악을 하는 듯 더욱 세차게 뿌려대고 결국 걸음 반 뜀박질

반으로 등대로 돌아가야 했다. 그런데 잠시 정자에 놓아두었던 렌즈와 카메라 장비들이 제자리에 없는 것이 아닌가? 기억을 더듬다 실패하고, 결국 등대 사무실 문을 두드렸더니 비를 맞을까 실내에 가져다놓았다 했다.

"정말 감사합니다."

"아무래도 안 되겠어요. 숙소에서 저희랑 주무시죠."

"아닙니다. 텐트에서 자는 것이 편해요. 이 정도 날씨야 뭐, 거뜬합니다."

"불편하시겠지만 숙소가 나으실 텐데…."

결국 등대를 조금 벗어난 풀밭 위에 작은 공간을 찾아내어 재빨리 텐트를 쳤다. 비가 그쳤다. 축축함이 사라지지는 않았지만, 활동이 자유로우니 살 것 같았다. 이윽고 등대가 기지개를 켜고 고결한 빛의 향연을 시작했다. 어둠이 깊어 갈수록 빛의 위엄은 커졌고, 섬과 바다는 마치 거룩한 종교의식을 치르는 듯 집중하며 경배했다. 꽤 많은 섬에서 등대를 만나보았지만 이렇게 바로 옆에서 그 불빛을 지켜보기는 처음이었다. 어찌 보면 오늘 하루의 고단한 여정이 비로소 보상을 받는 것만 같았다.

이튿날 아침 만난 새벽 바다와 하늘은 침낭 안에서 기대했던 것보다 훨씬 맑고 푸르렀다. 물론 풀밭은 온통 이슬을 머금었고, 이름 모를 벌레들의 집단 군무를 한참 동안 지켜보기도 했다. 첫배로 나가야 했지만, 몸은 자꾸만 굼뜨고 뭉그적거렸다. 이 상태라면 아침 배가 어렵겠다고 생각한 순간, 등대원이 다가와 밝은 웃음으로 인사를 건넸다. "조금 있다가 카트로 내려갈 건데, 아침 배로 나가실 거면 함께 타고 가시죠." 엉겁결에 대답을 하고 나니 마음이 급해졌다. 말도와 같은 섬은 길도 좁고 연료의 수급 문제도 있으니 배터리를 사용하는 카트가 제격일 듯싶었다.

"말도는 배 시간이 일정치 않아 조금 빨리 나가 기다려야 합니다." 오늘 아침 여객선은 내항 선착장으로 들어온다고 했다. 아마도 혼자 서두르다 능선을 타고 마을로 넘어갔더라면 낭패를 봤을지도 모를 일이었다. 오늘 아침 말도를 떠나는 사람은 역시나 단 한 사람뿐이었다. 등대원은 택배 물건을 받기 위해 선착장에 나온 것이었다. 등대원께 감사의 인사를 건넸다. 그 덕에 커피를 얻어 마셨고, 비에 젖지 않았으며, 배 시간을 맞출 수가 있었다.

무엇보다 진심으로 걱정해 주었던 마음이 더욱 고마웠다. 바닷길을 따라 돌아가며 지나는 섬들을 눈여겨보았다. 느리게 흐르는 시간 속의 하늘, 바다. 그리고 그 섬에는 사람이 있어 좋다.

말도등대는 2019년 8월 1일부로 무인등대가 되었다. 이제 전라북도의 유인등대는 어청도등대가 유일하다.

INFO

교통
군산연안여객선터미널 하루 1회,
장자도 하루 2회

추천 액티비티
낚시, 트레킹

뷰포인트
말도등대, 말도습곡, 천년송

숙박과 식당
아리울민박카페(010-5260-9946),
말도민박(010-3676-6032)

문의
군산시 문화관광
(www.gunsan.go.kr/tour)

01 고군산군도의 최북서단, 서해안을 오가는 배들의 길잡이 말도등대. 02 장자훼리호는 2018년부터 차량 수송이 가능한 고군산카훼리호로 대체되었다. 03 그 뿌리가 바위를 뚫고 땅까지 내렸다고 전해지는 말도 천년송. 04 파도에 침식된 절벽을 따라 해안도로가 이어진다. 05 섬의 중앙부 저지대에 형성된 마을. 06 종일 내리던 비가 그친 후 귀하게 즐겨보는 오후의 끝 시간.

06

04

05

반전의 묘미를 항해하는 섬

소청도

#서해5도 #소청등대 #바람막이벽화 #국가철새연구센터 #분바위
#스트로마톨라이트 #홍합밭

갯티연구소는 해양 도시 인천에서 지속 가능한 에코투어리즘(생태관광)과 해양 환경을 전문적으로 연구하는 순수 민간 연구 단체다. 인천 섬에 대해서는 마당발로 알려진 연구소의 노형래 소장에게 소청도에서 야영할 수 있을지에 대해 문의를 했다. 서해5도가 군사적 이유로 해안지역에서의 야영이 제한되어 있다는 사실을 알고 있기 때문이었다. 결국 노 소장의 활약 덕분에 소청도 이성만 전 이장을 소개받고 도움을 받기로 했다.

　서해5도의 작은 섬 소청도

　소청도에 도착하자 이성만 전 이장과 마을 어르신 그리고 낡은 SUV 한 대가 우리 일행을 기다리고 있었다. 소청도는 인천과는 210km 정도 떨어져 있으며 행정구역상 대청면에 속해 있는 섬이다. NLL을 기준으로 가장 북쪽에 백령도, 그 아래 대청도 그리고 소청도가 차례대로 자리하고 있으며 위도상 동쪽은 북한 땅 강령반도다.

　소청도란 지명에는 대청도와 더불어 수목이 무성한 섬이라는 뜻이 담겨 있다. 하지만 6·25 이후 1만 명 이상의 군인이 주둔하면서 섬은 삭막해지기 시작했고, 한때 1200명에 달했던 주민 수 역시 군사적 이유 등으로 대폭 감소했다. 현재는 200여 명이 채 안 되는 노령의 주민들이 두 개 마을(예동, 노화동)에 나뉘어 살고 있다. 이 전 이장에게 간략한 섬 이야기를 듣고 집 마당에

서 점심을 만들어 먹은 뒤, 일행은 텐트 칠 곳을 찾아 나섰다. 마을 안에서 숙영지 찾기가 어렵게 되자 우리는 결국 선착장 부근의 물양장을 소개받을 수 있었는데, 이 전 이장이 군부대에 연락을 넣어 협조를 얻은 덕분이었다.

등대와 마을을 걷고, 철새를 보다

소청도 등대까지는 차도가 이어져 있다. 하지만 탐방 길은 흙을 밟으며 걸어야 제맛이다. 거기에 바다 풍경이 동반해 준다면 더할 나위가 없다. 등대로 가는 탐방로는 그런 조건을 완벽하게 갖추고 있다. 선착장에서 불과 3km 거리라 힘들지 않고 걸을 수 있는 완만한 코스다.

소청등대(1908년)는 1903년에 세워진 팔미도 등대에 이어 우리나라에서 두 번째로 세워진 등대다. 일제강점기에 대청도에 있었던 일본 포경선단의 항로 안내를 위해 세워졌으며, 현재는 서북해 일대와 중국 산둥반도, 만주 지방을 항해하는 선박들의 길잡이 역할을 하고 있다고 한다.

전시관과 전망대 등의 시설을 갖추고 있는 등대는 섬의 서남 끝 절벽에 자리하고 있어 소청도 해안의 비경과 대청도의 용맹스러운 자태를 오롯이 감상할 수 있다. 등대에서 차도를 따라 내려오다 보면 붉은 지붕의 가옥이 유독 많은 마을을 만날 수 있다. 노화동은 서북방의 거친 바다와 싸우고 또 어우러져 지내온 사람들이 오순도순 모여 살아가는 전형적인 어촌 마을이다. 붉은 지붕은 지자체에서 도색 작업을 할 때 마을별로 색을 정했던 결과다. 마을의 가옥과 담벼락에는 모진 세월이 만들어놓은 생채기가 그대로 남아 있다. 낡으면 낡은 대로 부서지면 부서진 대로 버텨야 하는 것이 섬의 생리다. 그만큼 물자의 수급이 어렵고 수선한다 한들 소금기 가득한 해풍과 위력을 가늠할 수 없는 태풍이 가만 놔두질 않을 테니 말이다.

바다를 마주한 높은 벽체는 바람막이로 세워졌고, 사람들은 거기에 섬의 역사를 그렸다. 날카롭고 뾰족하게 표현된 섬과 검푸른 바다는 거칠고 험했던 소청도 주민들의 삶을 고스란히 표현하고 있다. 소청도는 중국 산둥반도와 우리나라 중북부 지역을 연결하는 최단 거리 지역이다. 우리나라를 찾는 철새의 70%가 소청도를 비롯한 서해5도 지역을 지나간다. 그중 최적지로 꼽히는 소청도에 2019년 4월 국가철새연구센터가 건립되었다. 철새의 생태와 이동 경로에 대한 연구와 관련 정보 수집 등의 데이터베이스 구축을 목적으로 하는 이곳에서는 회색머리노랑딱새와 갈색지빠귀 등의 조류가 국내 최초로 기록되었으며 미기록종인 검은댕기수리를 발견하는 성과를 얻어 내기도 했다.

초봄은 농사도 시작하기 전이고 바닷고기도 가장 잡히지 않는 계절이라 섬에선 나름 보릿고개라 부른다. "요맘때 섬에 오면 먹어 볼 것이 없어요. 5~6월이 가장 좋지요." 이 전 이장에게 미리 주문해 놓았던 우럭은 마릿수가 꽤 되었다. 내심 생선회를 기대했는데, 씨알이 작아서 그저 구이용으로나 가능하다고 했다. 그런데도 자연산 우럭이 노릇하게 익어가고 구수한 내음이 절정에 달했을 때 일행의 입가는 이미 숯검정 칠을 한 채 배가 터질 듯이 불러가고 있었다. 바람 불고 비 내리는 물양장에서의 하룻밤은 좋은 기억으로 남을 것 같지는 않았다. 콘크리트 바닥이라 팩을 박지 못해 텐트는 밤새 들썩였고, 배수가 안 돼 흥건해진 바닥 탓에 기분은 찝찝해졌다. '차라리 민박 할 걸' 하는 후회가 밤새 잠을 설치게 했다.

분바위 해안은 온통 홍합 밭
아침이 되자 비는 그쳤다. 지속해서 찌뿌둥한 날씨에 맥이 빠진 건 사실

이었지만 언제 다시 오게 될지도 모르는 섬, 일행은 서둘러 길을 나서기로
했다. '섬 탐방 안내도'에 의하면 등대와 분바위는 예동마을 부근에서 서로
다른 길로 갈라지는데 각기 섬의 서남 끝과 동남 끝 돌출된 해안에 위치하
고 있다. 그리고 탑동선착장에서 출발하면 두 곳을 한 번에 돌아오는 데는 3
시간 정도 소요된다고 설명되어 있다.

  등대는 전날 탐방을 마친 터라 곧바로 분바위로 향했다. 스트로마톨라이
트(Stromatolite)란 바닷가 석회암 지역에 서식하는 남조류(녹조 현상의 원인
이 되는 단세포 생물로 식물성 플랑크톤의 종류) 등의 군체들이 광합성 작용을
받아 생성된 퇴적 화석을 일컫는다. 바위의 겉면이 마치 굴이 달라붙은 모

습과 같아 섬 주민들은 굴딱지 암석이라 부르기도 한다. 소청도의 스트로마톨라이트는 국내에서 가장 오래된 화석으로 평가되어 분바위와 함께 천연기념물 508호로 지정되어 있다.

해안에는 다양한 질감으로 각질된 바위 표면 사이로 형형색색의 퇴적층이 자리하고 있었다. 물이 흐르듯 부드럽게 채색되어진 퇴적층은 마치 경이로운 예술 작품을 보는 듯했다. 한참을 서서 감탄에 빠져 있다 보니 일행과 조금 멀어지게 되었는데, "빨리 와요, 여기 대박!" 한껏 들뜬 목소리가 들려왔다. 해안에 노출된 백색의 결정질 석회암 '분바위'는 듣던 대로 절경 중 절경이었다. 분칠을 해놓은 것 같아 붙여진 이름 분바위도 정겹지만, 오래전 달빛이 반사된 바위를 보고 고깃배들이 길을 찾았다 해서 불리었던 '월띠'라는 이름은 더욱 감상적이다.

그런데 일행을 흥분시켰던 것은 분바위가 아니었다. 해안을 뒤덮은 거무스름한 것들, 바로 토종 홍합이었다. 일찍이 먼 섬에서 바위에 어렵사리 숨은 홍합 군락은 몇 번 보았어도, 해안 가득 끝없이 펼쳐진 장관은 난생처음이라 입이 다물어지지 않았다. 항간에서 홍합으로 불리는 진주담치는 지중해가 고향으로 선박 밑바닥에 붙어 들어와 우리나라 해안가 거의 전역에 퍼져 서식한다. 환경 적응력이 높고 번식력이 강하지만 크기가 작은 것이 특징인데, 때문에 큰 토종 홍합을 담치로 부르는 것은 잘못된 표현이다. 그리고 '섭'은 토종 홍합의 강원도 북부 지방 사투리다. 아무튼 별다른 수고 없이 그저 따 담기만 했는데도 손바닥 반 만한 홍합이 바구니에 가득찼다. 억겁의 세월이 만들어놓은 갖가지 기형들 속에는 또 다른 세상이 존재하는 듯, 색도 모양도 마냥 신기하기만 했다.

일행들 얼굴에 초조함이 사라진 것을 보니 소청도의 시간은 멈춘 것이 틀

05

06

림없다. "오늘 아침까지만 해도 날씨 때문인지 별다른 감흥이 없었는데 오늘 분바위에서 소청도의 참모습을 봤어요. 이번 여정도 오래도록 기억에 남을 것 같네요." 시골 국물처럼 뽀얗게 우러나고 별다른 간 없이도 깊은 감칠맛과 형언의 무력함이 느껴질 만큼 극강의 시원함이 있었던 홍합 국물, 한 수저를 호호 불어 목 넘김하고 마치 전복을 씹는 듯 찰진 홍합 살의 고소한 맛에 소주 한잔 털어넣으면 '아, 하루만 더 머물다 갔으면' 하는 바람이.

스스로 만들어가는 여정에는 늘 반전이 있기 마련이다. 서먹했던 섬도 사람도 떠나기 몇 시간 전이 되어서야 비로소 마음을 나누고 깊은 내면을 만나게 된다. 소청도와 멀어지며 또 다른 계절의 소청도를 떠올리고 일행을 바라보며 함께 떠날 또 다른 섬을 궁리하는 까닭이다. 결국 배낭은 반전의 묘미를 향해 가는 동반자들의 표식인 셈이다.

INFO

교통
인천항연안여객터미널 하루 2회
(3시간 40분 소요)

추천 액티비티
트레킹, 낚시

뷰포인트
소청등대, 분바위

숙박과 식당
식당 없음, 등대민박(032-836-3024),
노을민박(032-836-3043) 외 다수

문의
옹진문화관광(www.ongjin.go.kr/
open_content/tour), 이성만 전 이장
(010-8744-0597), 소청도등대(032-
836-3104)

01 굴딱지암석으로도 불리는 소청도 스트로마톨라이트 지대. 02 소청도 등대의 등명기는 1908년 세워질 당시 그대로의 빛을 간직하고 있다. 03 평화로운 섬마을의 정취를 느낄 수 있는 노화동. 04 분바위 해안가는 홍합 천지, 맛이 깊고 찰기가 진한 것이 특색이다. 05 생선의 씨알이 작은 봄철에는 구이가 제격이다. 06 바다생물들이 만들어내는 또 다른 세계, 분바위 바위웅덩이. 07 해풍에 꾸덕꾸덕 건조된 생선이 더욱 찰지고 맛있다. 08 소청도 여행은 캠핑보다 민박을 추천한다.

08

기웃거리며 천천히 걷고 싶은 섬

기점소악도

#작은산티아고 #기점소악도 #12사도순례길 #베드로의집 #노두길 #
작은예배당 #소악교회 #고양이섬

여객선 객실 안, 여객선이 소악도에 가까워질수록 남자들은 불안해 보였다. 이윽고 섬 주민으로 보이는 아주머니 한 분을 붙잡고 질문 공세가 이어졌다. "지금 도착하면 오늘 다 돌아보고 나올 수 있지요? 저희는 차를 가지고 왔거든요." 어이없는 표정을 앞세운 아주머니의 한 말씀. "택도 없는 소리하질 마소. 아무리 차가 좋아도 물에 잠긴 노두길을 워찌 건넌다요?" 매화도에 기항했던 여객선은 작은 섬 소악도와 소기점도를 지나 잠시 후 대기점도에 멈춰섰고 차량 몇 대가 함께 내렸다. 바다를 향해 길게 뻗어난 선착장 끝점의 작은 예배당, 산토리니 성당을 연상케 하는 파란색 돔형 지붕과 순백의 몸체를 가진 '베드로의 집'은 12사도 순례길의 시작점이다. 남자들을 포함한 차량의 주인들은 마음이 급한 듯했다. 휴대폰에 사진 몇 장을 담고는 다음 예배당을 향해 횡하니 사라져갔다.

기점소악도와 12사도 순례길

대기점도, 소기점도와 소악도는 2017년 전라남도의 '가고 싶은 섬'에 선정되었고, '12사도 순례길'은 그 사업의 일환으로 조성되었다. 대기점도에서 시작해 마지막 딴섬까지 이어지는 12km의 탐방로에는 12사도의 이름을 딴 작은 예배당이 세워졌다. 다양하고 각기 독특한 모습을 자랑하는 예배당은 국내외 설치미술가 11명이 참여해 만들었다. 작품에는 갯벌 등에서

채취한 자연물과 주민들의 오랜 생활 도구들을 재료로 사용했다. 순례길은 기독교적 색채를 띠지만 궁극적 의미를 단일 종교에 두고 있지는 않다. 예배당이지만 불자에게는 암자, 가톨릭 신자에겐 공소, 이슬람 신자에게는 기도소, 종교가 없는 이들에겐 쉼터가 되기도 한다. 순례길은 섬 주민들의 생활도로와 거의 일치한다. 이 때문에 섬의 문화와 삶은 걷는 자의 정서를 파고든다. 그 길은 걸어도 되고 자전거를 이용해도 좋다. 사람들은 순례길이 놓인 섬들을 합쳐 '기점소악도'라 부르기 시작했다.

노두길이 잠기면?
대기점도는 순례길이 시작되는 섬이지만 이웃 섬 병풍도까지 길이 975m의 노두길로 연도되어 있다. 광활한 갯벌을 품은 노두를 지나고 또 다른 섬을 탐방하는 일은 매우 매력적인 여정을 담보한다. 인접한 섬이라도 자세히 살펴보면 자연환경이 다르고 살아가는 모습 또한 차이가 있기 때문이다. 대기점도에는 다섯 개의 예배당이 있다. 코스를 따라 걸으면 섬의 반밖에는 볼 수 없다. 섬 여행을 하는 가장 효율적인 스킬은 '기웃거림'이다. 병풍도와 두 개의 마을을 기웃거리다 보니 시간이 지체되었다. 결국 대기점도와 소기점도를 잇는 노두길이 물에 잠겼다. 다섯 번째 예배당 '필립의 집' 앞에서 걸음도 멈춰섰다. 안타까운 마음도 잠시, 바닥에 주저앉아 건너편 섬을 보니 웃음이 절로 난다. 그토록 바라던 여유로운 시간. 이제부터 계획에 없던 진짜 여정이 시작될 것이다.

예배당 벽에 기대앉았다. 미세먼지 하나 없는 하늘과 하루의 끝을 향해 치닫는 태양을 보았다. 마을부터 따라온 웰시코기 한 마리가 꼬리를 치며 여전히 곁을 맴돌고 있었다. 녀석을 한번 안아주기로 했다. 얼굴을 핥아대는 축축한 혓바닥이 몹시 부담스러웠지만 그래도 밀쳐내지는 않았다. 평화로운 마음을 가진 자들만이 베풀 수 있는 너그러움이라 생각했다. 마을 어귀에서 차 한 대를 만났다. 같은 배로 함께 들어온 남자들이었다. 결국 순례길 전체를 돌아보지 못하고 마지막 배로 섬을 떠난다고 했다. 다음번에는 차를 두고 여유롭게 오겠노라며.

대기점도에는 고양이가 많다. 주민 수보다 훨씬 많은 300~400마리나 된다고 한다. 그것을 상징하여 두 번째 예배당 안드레아 집 첨탑 위에는 고양이 조각이 올려져 있다. 존중받는 고양이는 사람이 다가가도 도망가지 않는다. 마을 담벼락의 고양이가 편안하게 낮잠을 즐길 수 있는 것도 다 그런 까닭이다. 얼마나 지났을까? 물이 빠진 갯벌에 노을이 드리워졌다. 순례길이 지나는 곳곳에는 민박과 게스트하우스가 있어 잠자리 걱정은 없다. 하지만

이번에도 가지고 다니던 침낭과 비박색으로 잠자리를 만들고 야외에서 섬 밤을 보내기로 했다.

다시 첫 번째 예배당 '베드로의 집'으로 향했다. 마을보다는 바다와 가깝고 무엇보다 한적해서 좋았다. 게다가 공중화장실까지 있으니 하룻밤을 보내기에 금상첨화다. 창틈으로 새어 나오는 예배당 불빛이 따뜻하게 느껴졌다. 그리고 침낭을 덮고 가만히 누워 바라본 하늘에는 별이 가득했다. 밤새 바다는 깊은 잠을 이어 가도록 조용히 지켜주었다.

자연 위에 놓인 길

지난밤 발갛고 커다란 달이 올랐던 그 자리에서 또 다른 하루가 시작되었다. 물에 잠겼던 노두길이 다시 모습을 드러냈다. 소기점도로 건너갔다. 농사를 주업으로 하는 섬에는 작은 저수지가 많다. 일곱 번째 예배당 '토마스의 집'은 한편에 바다를, 또 다른 편에 저수지를 품고 있어 어느 곳에서 바라보든지 매우 아름다운 경취를 자아내고 있었다. 더불어 저수지에 반영된 예배당의 모습은 매우 목가적이어서 한동안 발걸음을 멈춰 서게 했다.

소악도로 건너가기 전 노두길 앞에는 마을에서 운영하는 게스트하우스가 들어서 있다. 식당이 오픈하기 전이라 그곳 마당에서 커피를 내리고 빵을 구워 아침 식사를 대신했다. 혼자만의 여행은 자유로움이다. 먹고 싶을 때 먹고, 걷고 싶을 때 걸으며, 쉬고 싶을 때 쉴 수 있어 좋다. 여덟 번째 '마태오의 집'은 노두길 옆 갯벌 위에 놓였고, 열두 번째 '가롯유다의 집' 또한 물이 빠지면 모래톱으로 연결되었다가 들물이 되면 그 자체가 고립된 섬이된다. 임병진 목사를 처음 만난 것은 12사도 순례길이 지나는 소악도 교회 앞에서였다. 부속 건물 앞에 붙여진 '자랑께', '쉬랑께'란 푯말의 뜻이 궁금

03

04

해 두리번거리고 있을 무렵 그가 나타났다. '자랑께'의 내부는 정갈하게 꾸며진 펜션과 같은 느낌이었다. "순례길을 걷다가 이곳에서 하룻밤 묵어갈 수 있어요. 기독교 신자가 아니어도 상관없고요. 비용은 받지 않아요." 임병진 목사는 어린 시절 사찰에서 공짜로 먹었던 절밥이 그리워 이런 시설을 만들었다고 했다. '자랑께'의 냉장고에는 맥주와 간단한 음식들도 들어 있었다. 이곳에서 다음 숙박자를 위해 자연스레 남겨진 것들이라 했다. 그는 순례길의 의미를 자신의 종교에 두지 않는다고 했다. "불교 신자든, 천주교 신자든 혹은 종교가 없는 사람도 편안히 걷고 무언가를 얻어 갈 수 있다면 그것이 12사도 순례길의 의미죠."

'자랑께' 벽면에는 임 목사와 한 스님이 나란히 순례길을 걷는 사진이 걸려 있었다. "예배당들은 인공적인 조형물이지만 자연 위에 그대로 놓였지요. 그래서 바라다보는 방향과 물때에 따라서 모습이 달라요. 그런데 순례길

을 한 번 걷고 어찌 다 보았다고 하겠어요? 다른 계절도 있잖아요." 빙그레 미소짓는 마을 주민의 얼굴에서 진정한 순례자의 얼굴을 보았다.

INFO

교통
압해도 송공선착장, 송공 - 소악도. 소기점도. 대기점도 하루 4회
지도 송도선착장, 송도 - 병풍도 하루 4회
증도 버지선착장, 증도 - 병풍도 하루 1회
무안신월선착장, 신월 - 병풍도 하루 2회

추천 액티비티
힐링스테이(김철수 이장 010-2887-8588), 망둥어 낚시(낚싯대 대여, 061-246-1245), 트레킹, 라이딩(전기자전거 대여, 이정수 010-6612-5239)

뷰포인트
대기점 선착장, 예배당, 노두길, 딴섬

PLACE

숙박과 식당
게스트하우스 식당(사무장 010-2612-6990), 소악도민박(장명순 010-3499-6292), 노두길민박(김광희 010-3726-9929)

문의
기점소악도(http://기점소악도.com), 여행자센터(061-246-1245), 소악도 교회(임병진 목사 010-4247-4714)

게스트하우스 & 카페
마을법인에서 운영한다. 소기점도에 위치해있으며 게스트하우스는 민박과 함께 기점소악도 홈페이지(http://기점소악도.com)에서 예약제로 운영된다. 하루 숙박비는 게스트하우스의 경우 남녀 별도 도미토리룸으로 인당 2만 원, 민박은 2인 기준 객실당 5만 원이다. 또한 카페는 마을 식당으로 운영되며, 예약 없이 식사가 가능하다.(061-240-8681)

자전거대여소
대기점도 북촌마을 내에 자리하고 있다. 아침 8시부터 저녁 6시까지 운영되며, 비용은 반나절 5000원 종일 1만 원이다. 물이 빠지면 병풍도에서 대기점도, 소기점도, 소악도, 진섬까지 노두길이 열려 17km의 탐방로가 이어진다.(010-6612-5239)

01 12사도순례길이 시작되는 대기점도 선착장의 베드로의집. 02 하룻밤의 위안이 돼주었던 베드로의집의 불빛. 03 싸목싸목 홀로 걸어야 제맛이 나는 순례길. 04 머지않아 고양이 섬으로 유명해질 대기점도. 05 프랑스 남부의 전형적인 건축 양식으로 지어진 제5예배당 필립의집. 06 게스트하우스 겸 카페. 07 노두 길이 바닷물에 잠긴 후 비로소 얻은 자유로움. 08 밀물이 되면 또 다른 섬에 홀로 남겨지는 12번째 예배당 가롯유다의집.

대청도

외연도

비안도

대야도

적금도, 낭도, 둔병도, 조발도

하태도   평일도 손죽도

맹골죽도   생일도

다시마를 건조하고 있는 생일도의 해변

여름
—

Summer

외연도

#안개 #하늘 #태양 #바다 #몽돌 #바위 #무인도 #상록수림
#풍어당제 #아이들 #둘레길 #해삼

여객선이 들어서자 외연도항은 북적이기 시작했다. 부두를 빼곡히 메운 주민들 사이로 강아지도 덩달아 신이 났다. 승객들이 서둘러 내리고 나면 뭍에서 건너온 생필품들이 주민들에게 건네질 차례다. 선원들의 익숙한 손놀림에 손수레나 카트가 가득 채워지면 뭍으로 나갈 물건들도 여객선 앞머리로 옮겨진다. 하루 중 가장 기다리던 시간, 집으로 돌아가는 발걸음은 설레고 풍요롭다.

멀고 또 아득한 섬

외연도는 충청남도의 유인도 중 육지와 가장 멀리 떨어져 있으며, 대천항에서 쾌속선에 오른 뒤 두 시간가량 바닷길을 달려야 만날 수 있는 섬이다. 서해의 짙은 해무 끝을 지나고 나서야 모습을 드러내는 신비하고 아득한 섬이라 해서 예부터 외연도라 불렸다. 고요한 새벽, 잔바람에 실려온 닭울음 소리를 중국에서 들려오는 것이라 믿었을 만큼 섬사람들의 심리적 거리 또한 까마득했다. 외연도의 모습은 동쪽의 봉화산과 서쪽의 망재산을 우뚝 세워놓고 그사이 안부에 당산이 자리하고 있는 형국이다. 마을은 당산의 자락을 따라 이어져 항구에 닿을 즈음 집단촌을 이룬다. 그 얼마 안 되는 면적에 초등학교와 보건소, 여객선 대합실, 공동작업장 등이 자리하고 부두 앞에는 식당과 슈퍼, 민박들도 늘어서 있다.

외연도의 10가지 보물

외연도는 일명 '10가지 보물섬'으로 불린다. 그 10가지란 안개, 하늘, 태양, 바다, 몽돌, 바위, 무인도, 상록수림, 풍어당제와 아이들이다. 외연도의 자연은 육지와 가까운 섬과는 다른 색을 가지고 있다. 안개는 깊고 그것이 걷힌 하늘, 태양, 바다는 더욱 진하고 또 선명하다. 오랜 세월, 거센 파도가 다듬어낸 몽돌과 바위는 유난히 크고 둥글다. 햇살에 반짝이는 그것을 보고 사람들은 금이라 불렀다. 바위마다 고라금, 누적금, 작은명금, 큰명금이란 예쁜 이름이 붙여진 까닭이다.

대청도, 중청도, 횡경도, 황도 등 주변에 떠 있는 무인도 10여 곳은 모섬 외연도와 더불어 외연열도를 이룬다. 하루해가 수평선 너머 발갛게 사라질 즈음, 봉화산에서 바라본 외연열도는 가히 장관이다. 그 아름다움에 매료되는 순간, 벅차오른 마음 한편으로 왠지 모를 외로움이 스며든다. 먼 섬에서 맞는 저녁 정서는 참으로 미묘하다.

외연도 상록수림은 천연기념물로 지정되어 있다. 작은 동산으로 이뤄진 숲에는 동백나무, 후박나무, 생달나무 등의 상록활엽수와 팽나무, 상수리나무, 찰피나무 등의 낙엽활엽수들이 촘촘히 들어서 있다. 10여 년 전까지 섬의 대표적 볼거리로 사랑받았던 연리지 나무는 2010년 태풍 곤파스 때 가지가 부러졌고, 이후 또 다른 태풍에 의해 흔적없이 사라져 버렸다. 지금은 그 자리에 연리지를 추억하는 작은 안내판이 세워져 있을 뿐이다. 매년 닥쳐오는 태풍들을 견뎌내며 많은 생채기가 생겨났지만, 숲은 여전히 푸르고 울창하다.

매년 음력 2월 15일 열리는 외연도 당제는 풍어와 뱃길의 안전을 기원하는 전통행사로 치러진다. 풍어당제는 외연도 상록수림 내 전횡장군(제나라

가 멸망하자 수하 500명을 이끌고 외연도 혹은 어청도로 도망을 왔다가 자결했다
고 전해짐) 사당에 장군의 위패를 모셔놓고 제를 올리는 '당제'와 산신에게
제를 올리는 '산제', 용왕에게 제를 올리는 '용왕제'로 진행된다. 외연도 당
제는 충남도 무형문화재 제54호로 지정되어 있다.

10가지 보물 중 마지막은 아이들이다. 유명 섬을 제외한 대부분의 섬 학
교는 이미 폐교가 되었거나 일부 휴교(재학생이 없으면 휴교조치 하고 일정 기
간 입학, 전학생이 없으면 폐교됨) 중이다. 젊은 사람들이 육지로 나가 생활하
다 보니 자연히 아이들도 모습을 감추게 된 것이다. 그런 주변 섬 사정과는
달리 외연도는 아이들의 웃음소리가 끊기지 않는 귀한 섬이다. 마을 복판의
외연도초등학교는 꾸준히 졸업생을 배출했으며, 현재도 무려 5명이 재학
중이다. 아이들은 섬을 밝게 만드는 가장 소중한 보물이다.

외연도 둘레길 걷기

외연도 둘레길은 선착장을 시작으로 망재산을 오르내리고 북쪽 해안길
과 봉화산 아래의 데크길을 돌아 원점으로 회귀하는 6km 코스를 기본으로
한다. 망재산이 거칠고 투박한 자연미를 가지고 있다면 고라금에서 노랑배
까지 약 3km 거리는 공원길과 같은 정갈함이 있다. 길은 잘 닦여 있으며 바
다와 숲은 걷는 이의 호흡과 시선에 일치한다. 둘레길에 봉화산 등산을 더
하거나 노랑배에서 북서쪽 해안을 따라 마당배를 찍고 선착장으로 돌아오
는 코스를 추가해 봐도 좋겠다. 단, 비가 많이 내리는 여름철과 시계가 좋지
않은 날에는 자칫 길을 잃을 수가 있다. 또한 만조시 갯바위로 이어지는 구
간에는 물이 차오를 수 있으니 주의해야 한다.

외연도는 새들의 천국이다. 관찰된 조류만 해도 1200종이 넘을 정도다.
그것을 담기 위해 해마다 많은 조류 전문 사진가가 섬을 찾곤 한다. 트레킹
이 끝나갈 무렵 높고 청아한 목소리를 가진 작은 새 한 마리를 만났다. 일정

한 간격을 유지한 채 노래를 부르며 날고 또 멈춰 섰다. 나그네새로 알려진
유리딱새였다. 여름 철새가 날아드는 이 계절엔 분명 섬을 찾는 재미가 하
나 더 있는 셈이다.

해삼과 추억식당

몇몇 주민들이 선착장에 앉아 바닷물로 무언가를 씻고 또 다듬고 있었다.
궁금해서 다가가 물어보니 해삼 내장이란다. "젓갈을 담기도 하고, 바로 무
쳐 반찬으로 먹어요." 외연도는 이름난 해삼 산지다. 해녀들이 물에 들어가
1g이 채 안 되는 어린 해삼을 방류하고, 1~2년 후에 수확한다. 외연도는 수
심이 깊어 해삼 양식에 유리하며 품질이 좋아 대부분 일본으로 수출된다고
한다. 어촌계에서 직접 해삼 가공 공장을 만들어 효율성을 높인 것도 그 때
문이다.

선착장 바로 앞의 추억식당은 이름 그대로 추억이 남아있는 곳이다. 몇 년 전 일행들과 백패킹을 왔다가 기상 악화로 섬에 갇히는 일이 있었다. 식량을 아끼기 위해 식당에서 하루 한두 끼니를 해결해야 했는데, 그곳이 추억식당이었다. 인자한 주인 내외분 덕에 욕실을 신세지고 밥과 김치 등을 넉넉하게 얻어 갈 수도 있었다. 여객선의 결항이 지속되자 결국 두 분의 도움으로 사선을 불렀고, 뭇 여행자의 부러움을 받으며 대천으로 탈출할 수 있었다.

"저 기억 못 하시겠죠? 하도 오래돼서. 예전에 섬에 갇혔을 때 신세 많이 졌어요." 무언가 팔아드려야 한다는 생각에 생선회를 주문했다. "아이고, 생선회는 기본이 5만 원인데 혼자 먹기는 너무 비싸요. 내가 맛있게 만들어 줄 테니 백반 먹어요." 이윽고 밥상이 차려졌다. 큼지막한 생선조림 그리고 잘 익은 총각김치와 좋아하는 달걀프라이도 상 위에 올랐다. 하지만 무엇보다 맛있던 것은 해삼 무침이었다. 삶은 해삼을 오이, 당근, 양파 등의 채소와 함께 갖은 양념으로 버무려내니 쫀득거리는 식감에 시원함마저 느껴졌다.

외연도엔 쉬고 노는 사람이 없는 듯했다. 선착장에 정박한 큰 고깃배들도 주민들의 소유라 했다. 일거리가 생겨나고 소득이 있으면 젊은 사람들도 다시 섬으로 들어오게 마련이다. 아이들이 뛰노는 섬, 흐뭇하게 바라보는 노인. 섬의 역사는 둘레길에서 만난 달팽이처럼 느릿느릿 진행 중이다.

INFO

교통
대천연안여객선터미널 하루 2회

추천 액티비티
트레킹, 낚시

뷰포인트
만재산, 봉화산, 노랑배, 상록수림

숙박과 식당
다온민박(010-5005-9319), 민박미르(010-6377-5049), 추억식당(010-3472-7008), 장미식당(010-4418-4566) 등 민박과 식당 다수

문의
보령시문화관광(www.brcn.go.kr/tour.do)

01 형형색색의 바위와 고래 섬이 어우러진 외연도 북서 해안 탐방로. **02** 2020년 정비 및 후계목 조성사업이 끝나면 더욱 푸르를 외연도상록수림. **03** 섬의 안과 밖을 나누는 상징적 표식 빨간 등대. **04** 학생 수가 적어도 육지의 학교 부럽지 않은 외연도초등학교. **05** 파도가 높고 바람이 거친 날의 고래금 정경. 06 봉화산에서 바라본 외연도의 해넘이.

06

찾아가니 인연이 되는 섬
대야도

#전남신안군 #다도해해상국립공원 #높은산 #비밀스런해변 #고깃배
빌려타고 #전복은두께 #프라이빗비치 #맘씨좋은이장님 #하의면

목포로 가는 금요일 마지막 무궁화호, 1호칸 끝 좌석들은 늘 우리 차지였다. 승객들의 출입이 드문 기차의 끝량 맨 꽁무니 자리, 우리의 세레모니는 간단한 안주에 맥주 한 캔으로 시작되곤 했다. 그리고 전화 한 통이면, 기차가 목포역에 도착하는 그 새벽녘에 가게 문을 열고 고향처럼 기다려주던 역전 시장 어귀 낙지집 이모님. 고단할 겨를 없이 여정엔 정이 넘쳤고 혹시나 시장할까 봐 갓 지어낸 밥솥을 열고 낭푼(양푼의 사투리)에 낙지와 고추장 참기름을 듬뿍 넣어 쓱쓱 비벼 내면 우리의 뱃속도 훈훈하게 채워져 갔다.

"오늘은 어디로 가?"

"대야도라는 섬인데요, 하의도 가서 배를 한 번 더 갈아타야 해요."

새벽잠을 설치고 한 무리 녀석들의 밥상을 치러 내면 이모님 손에는 대략 6~7만 원의 현금이 들려 있곤 했는데, 탕탕이와 연포탕에 들어간 크고 작은 낙지 값과 소주 몇 병에 해당하는 금액이었다.

"밥 값도 받으셔야죠."

"아니여, 내가 해주고 싶어서 그런 건데, 다 받으면 섭하제."

전복양식선을 타고 섬으로

하의도 웅곡항에 도착 후, 갈아타야 했던 낙도 보조선은 물때가 맞지 않아 정오를 지난 2항차부터 운항할 수 있다고 했다. 꼼짝없이 3시간 이상을

02

03

기다려야 하는 신세가 되었을 때, 섬 주민에게 운이 좋으면 당두 선착장에서 고깃배를 빌려 대야도까지 들어갈 수 있다는 이야기를 들었다. 그 와중에 일행 중 한 명이 지나가는 낡은 차량을 불러 세우곤 의기양양한 모습으로 우리를 돌아봤다. "사장님께서 전복 양식선을 가지고 계시는데 당두에서 대야도까지 태워주시겠대!"

당두항은 웅곡항에서 북서쪽으로 2.5km 떨어져 있는 아주 작은 선착장으로 인근 섬에서 고깃배들이 들어와 어획물을 내어놓으면 하의도 식당들과 즉석 거래가 이뤄지는 곳이다. 당두항에 도착한 우리는 전복양식선에 배낭을 싣고는 사장이자 선주인 어른께 연신 감사의 인사를 전했다. "그런데 혹시 저희가 전복을 좀 살 수 있을까요?" "얼마나 사려고? 그래도 한 십만 원어치는 사야 몇 개씩 씹어 먹을 수 있지라."

그렇게 배가 먼저 도착한 곳은 바다 중앙의 전복양식장. 기중기로 전복집을 끌어올리고는 호기어린 목소리로 선주가 말했다. "이제, 먹을 만큼 따 보드라고!" 처음으로 딴 전복의 껍데기를 떼어내고 한입 베어 물으니 입 안 가득 뿌듯함이 느껴지면서 씹을 때마다 꼬득꼬득한 전복 특유의 고소함이 전해져 왔다. "전복은 두께를 봐야 하는 것이여, 맛있제?" 먹이로 넣어준 다시마 줄기마다 크고 작은 전복들이 붙어 있었고 우리는 되도록 큰 것을 떼어내 망태기를 채웠다. 그리고 곧 전복양식선은 우리를 대야도 선착장까지 데려다줬다.

꼭꼭 숨겨진 비밀스런 해변

선착장에서 500m가량 떨어진 대야마을(능산 2구)로 들어서는 순간, 현대식 건물 하나 없는 전형적인 섬마을 정취에 대야도는 어느새 모두에게 특별한 섬이 되어 있었다. 세월의 흔적이 느껴지는 낡은 집들과 돌담, 두 집 건너 하나는 폐가였지만 마치 오래전 시간이 멈춰버린 듯한 마을은 깨끗하고 고 즈넉한 모습이었다. 대야도는 신안군 하의도의 부속 섬으로 행정구역은 하 의면 능산리에 속한다. 섬은 높은 산 하나가 바다에 솟아있는 형상을 하고 있으며 대부분이 산지고, 단 하나인 마을은 섬의 극히 작은 면적만을 차지 하고 있었다.

마을 중앙에는 그늘 좋은 라일락 나무 한 그루가 서 있었다. 산들거리는 5월 바람에 감미로운 꽃향기가 더해지니 더할 나위 없이 좋은 기분이 되었 다. 야외용 매트를 깔고 누우니 잠이 솔솔, 잠깐의 꿀잠으로도 피곤이 달아 나는 듯했다. 한참을 그렇게 뭉그적대다가 꼼짝하기 싫은 엉덩이를 일으켜 배낭을 다시 들쳐 메었다. 마을 뒤로 난 단 하나의 도로를 따라 고개 하나를 넘으니 작은 해변이 보이기 시작했고, 천천히 다가서자 모두의 입은 동시 에 벌어졌다. 곱고 오붓한 백사장과 평온한 물결, 대야도해수욕장은 미리 지 도를 보며 기대했던 것보다 훨씬 아름다웠다. 해변 위쪽에는 적당한 크기의 데크 다섯 개가 놓여 있어 캠핑에도 안성맞춤이었다. 이장님께 전화를 넣으 니 얼른 달려와 줬고, 하나밖에 없는 수도꼭지가 물을 쏟기 시작했다.

그리고 우리에겐 전복이 있었다. 회로 먹고 구워 먹고, 그리고 라면에 넣 어 먹어도 망태는 좀처럼 줄지 않았다. 누군가 말했다. 참 흔한 전복이라고. "언제 한번 전복을 이렇게 먹어 보겠어? 뱃속에 꾹꾹 눌러 담아야지. 며칠 후 점심 즈음에 오늘을 떠올리면 눈물나게 그리워질 거야." 여행자는 늘 꿈 을 꾸고 여정은 추억을 남기지만, 그 또한 삶이 아니라서 오히려 행복하다. 그날 밤, 텐트의 랜턴을 끄고 바라본 섬 하늘엔 꽤 많은 별이 빛나고 있었다.

이장님의 소박한 바람

대야도란 이름의 섬은 충남 태안에도 있다. 하지만 최초로 김 양식을 시작했다는 태안의 대야도는 1970년대에 안면도와 이어져 섬의 모습을 잃었다. 유일하게 남은 신안 대야도의 본래 이름은 '대서도'다. 섬 전체가 큰 산으로 이뤄졌다는 것에서 연유되었다. 이후 '큰 바다에 높은 산이 떠 있는 섬'이라는 뜻의 대하도로 불리다 대야도가 되었다. 섬의 정상부는 해발 306m로 하의면에서 가장 높은 것으로 알려져 있다. 대야도는 특히 해변 경관이 수려해 인근의 섬 신도와 함께 다도해해상국립공원으로 지정되어 있다.

하지만 대야도는 여행자들이 흔하게 찾는 섬이 아니다. 찾아가는 길도 멀고 또 즐길거리나 먹거리가 풍부하지는 않다. 그래도 이장님은 사람들이 대야도에 많이 와 주었으면 좋겠다고 했다. "한가롭게 해수욕도 하고 얼마나 좋아? 시끄럽지 않아야 편하게 쉴 수 있는 거 아니것어? 필요하믄 마을회관도 빌려줄 수 있는디." 이장님의 소박한 섬 자랑, 찾아준 우리가 고맙고 또 인연이라 했다. 섬에는 인연들이 있다. 변하지 않는 심성을 가진 고운 사람들이 있다. 그래서 섬으로 가는 길이 언제나 즐거운 것인지 모르겠다.

INFO

교통
하의도 웅곡항 하루 2회, 하의도 당두항
하루 4회, 도초도 시목항 하루 2회
*2020 7월 하의도-능산도-대야도-도
초면 시목까지 운항하는 카페리 여객선
취항

추천 액티비티
액티비티: 낚시, 캠핑

뷰포인트
대야도해수욕장, 대야마을(돌담, 옛집),
목넘어고개

숙박과 식당
전화 예약시 대야도노인정을 이용할 수
있으며, 그 외에는 없음

문의
전남의섬(http://islands.jeonnam.
go.kr), 대야도 최태원 이장(010-
7608-2806)

06

01 모래가 곱고 수심이 낮아 가족 단위로 즐기기 좋은 대야도해수욕장. 02 대야도는 바다 위로 큰 산 하나가 우뚝 솟아있는 모습이다. 03 기중기로 전복집을 올리고 내리는 양식 작업선. 04 이미 오래전부터 시간이 멈춘 듯한 대야도의 유일한 마을. 05 대야도해수욕장은 완벽한 프라이빗 비치를 방불케한다. 06 데크가 있어 캠핑을 즐기기에도 좋은 대야도 해변

01

비경 너머 비경이, 서해 5도의 보석 섬
대청도

#답동종합운동장 #군사기지 #삼서트레킹 #옥죽동사구 #농여해변
#매바위#모래울마을

인천항 연안여객선터미널 건너편 식당, 해장국에 소주 한 병을 주문했다. 모자란 아침잠은 아껴 두었다가 대청도로 가는 배 안에서 실컷 누려 볼 작정이다. 먼 바다 높은 파도, 긴 너울이 주는 메슥거림까지 함께 재울 수 있다면 출발 전 소주 한잔은 탁월한 선택이다. 여객선은 공간 이동의 기능이 장착된 타임머신과 같았다. 그저 눈을 잠시 감았을 뿐인데 네 시간이 홀쩍 지나고 벌써 대청도라니.

 야영은 어디서?
 오랜만에 둘러멘 배낭은 내 것이 아니었는 듯 영 불편하기 짝이 없었다. 내륙보다는 2~3도 낮은 기온이라 하지만, 숨 막히는 열기는 육지와 다름이 없었다. 선진포항에 발을 딛는 순간부터 땀이 등줄기를 타고 흐르기 시작했다. 대청도에는 7개의 마을이 있다. 대부분 섬이 그렇듯이 항구 부근이 가장 번화하고 주민 수도 제일 많다. 버스 정류소에 배낭을 내려놓은 채 두리번거리고 있을 때 중년의 여성이 다가왔다. 대청면 문화관광해설사라고 본인 소개했다.
 "야영하시려고요?" 그녀는 걱정 담긴 눈빛으로 물어왔다. "네, 정보를 찾아 보니 지두리해변에서 야영이 가능한 거로 나오던데요. 괜찮겠죠?" 했더니, "잘못 알고 오셨어요. 해안가에서는 야영할 수 없으시고요, 대청도에서

는 저기 보이는 답동종합운동장에서만 가능합니다"라고 답했다. 명함을 건
네며 도움이 필요하면 연락하라는 말을 덧붙이고 그녀는 사라져갔다.

슈퍼에서 식수와 간단한 식재료 몇 가지를 사고는 일단 500m 정도 떨어
진 답동종합운동장을 둘러보기로 했다. 운무를 벗겨내고 제 색을 찾아가는
하늘과 그 빛을 고스란히 받아 반짝이는 바다, 대청도는 겉껍질만 살짝 들
춰보았을 뿐임에도 감탄하기에 충분한 풍광을 가지고 있었다. 답동종합운
동장은 한여름 야영지로는 어울리지 않았다. 주변엔 펜스, 퍼걸러(Pergola)
몇 동뿐이었다. 운동장 어느 곳을 둘러보아도 나오는 것은 한숨뿐이어서, 현
지인의 도움을 받는 편이 나으리라 판단되었다.

옥죽동 사구와 농여해변

대청도의 도로는 삼각산을 중심으로 그 둘레를 돌아 순환하는데, 크게 4
개의 가파른 고개를 품고 있다. 그 첫 번째, 답동에서 내동으로 가는 고개의
마루에 오르니 방송사 다큐멘터리에서나 보았을 광경이 눈앞에 펼쳐졌다.
바다 너머, 백령도가 오롯한 자태를 드러내 보인 것이다. 대청도에서 백령도
까지의 거리가 12km, 다시 백령도 끝자락에서 장산곶까지가 15km, 북한
땅이 코앞이다. 옥죽동 사구는 백령도 간척사업 때 바닷모래가 북풍에 의해
날아와 쌓이면서 형성됐다. 하지만 직접 찾아가 보니 '한국의 사하라' 혹은
'모래사막'으로 불릴 정도의 위용은 아니었다.

과거 사구 근방의 마을 세 곳은 농토를 덮고 집 안까지 날아와 쌓이는 모
래 탓에 생활불편이 심했다고 한다. 결국 불편을 호소하는 주민들의 민원에
의해 방풍림을 조성한 후, 사구의 규모는 줄어들었다. 하지만 다시 관광객이
늘어나는 추세를 보이자 방풍림을 제거하자는 등의 대책 마련에 고심 중이

라 하니 아이러니할 따름이다.

옥죽동해안을 지나고 찾아간 곳은 발자국조차 남겨지지 않을 만큼 단단한 모래로 이루어졌다는 농여해변이었다. 썰물 때 큰바다로 나가지 못한 물이 작은 호수를 이루고, 고요한 수면에 하트 모양의 하늘도 두둥 띄워 놓았다. 농여해변에는 오랜 세월 퇴적되어 쌓이고 풍화 작용으로 만들어진 크고 작은 기암괴석이 즐비했다. 그중에 대표적인 것이 고복나무바위다. 억겁이 지나는 동안 두고두고 쌓였을 지층이 세월에 못 견디고 벌러덩 누워버린 듯한 모습. 거친 표면에 울퉁불퉁 갈라짐까지도 고목의 표면과 절묘하게 닮아있었다.

농여해변이 끝나는 곳에서는 또 다른 해변이 시작된다. 이름하여 미아동해변, 썰물에는 농여해변과 이어져서 하나가 되지만 바닷물이 들어오면 갯바위를 경계로 갈라서서 독립적인 해변으로 변모한다. 이렇게 고스란히 하루가 저물어간다면 수평선 위로는 무수한 청정 별들이 오르고 한없이 반짝일 테지만 군부대의 경계가 들어서고 출입이 통제된다고 하니 너무도 아쉬울 따름이다.

마을 할머님들이 한창 해안가 청소 중이었다. 사진 한 장 찍어도 되겠느냐고 여쭸더니 "늙은 할망구들 뭐 이쁘다고 찍어대?" 하며 타박이시다. 하지만 퉁명스러운 그 말이 반가움의 표현이라는 것을 익히 알고 있다. 섬 어르신들은 늘 그런 식이다. 대청도 꽃청춘 할매들께 다시 여쭀다. "북한 땅이 코 앞인데 불안하지는 않으세요?" 할머니들 가운데 한 분이 아무 일도 아니라는 듯 "몇십 년을 이렇게 살아왔는데 불안할 게 뭐 있어? 뭔 일 생기면 방공호에 들어가면 되고, 포탄 떨어져서 집 부서지면 나라에서 다시 지어줄 텐데 뭐."

우리나라에도 이런 섬이

매바위전망대에 서서 모래울해변과 그 너머 서풍받이로 이어지는 대청도 서쪽 해안의 모습을 내려다보면 날개를 펼친 매의 형상이 영락없다. 서해의 거센 바람을 막아준다는 서풍받이가 매의 머리가 되면 광난두해안이 좌측날개, 모래울 뒤편 울창한 송림이 우측 날개가 되는 셈이다. 예부터 대청도에는 송골매라고도 부르는 사냥용 매, 즉 해동청의 주요 서식지였다. 지금도 '매막골'이라는 옛 지명이 남아있는데 사냥용 매를 기르고 훈련했던 '매막'이 있던 곳이다.

매바위전망대에서 도로를 따라가면 길은 두 갈래로 나뉜다. 우측길을 따라가면 당초 해수욕장 개장 시기에는 야영할 수 있다고 들었던 지두리해변이다. 하지만 이곳 역시 대청도의 여느 해변과 같이 일몰 후에는 접근이 불가하단다. 지두리해변은 대청도에서 가장 손꼽히는 가족 피서지로 '지두리'

는 경첩을 일컫는 대청도 방언이다. 해변의 양쪽으로 뻗어 나온 산줄기가 바람을 막아주고 넓은 해안을 ㄷ자로 감싼 모습이 경첩과 닮았다는 것이다. 언덕 위 퍼걸러에는 주민들이 한가로이 소풍을 즐기고 있었고, 수심이 깊지 않은 파란 바다에는 각 색의 튜브들이 두둥실, 피서객들이 물놀이를 즐기고 있었다.

모래울마을(사탄동) 뒷산 기슭의 '동백나무 자생 북한지'는 천연기념물로 지정되어 있다. 우리나라의 동백나무 가운데 가장 북쪽에서 자라고 있기 때문이다. 남쪽에서 많이 볼 수 있는 동백나무가 대청도에서 살 수 있었던 것은 해류의 영향 때문이다.

모래울마을에서 시작된 고개의 정상에는 '광난두'라는 이름을 가진 정자각이 세워져 있다. '광난두'는 '바람이 매우 거세게 부는 곳의 머리'를 뜻하며 바다 쪽으로 길게 뻗은 섬 능선을 뜻한다. 이곳에서는 서해에서 불어오는 거센 바람과 파도를 막아준다는 서풍받이와 모래울의 또 다른 풍광이 한 폭에 조망된다. 대청도의 서쪽 해안은 동쪽 해안과는 달리 남성적이며 거칠고 웅장한 비경을 자랑한다. 매바위전망대에서 출발, 삼각산 정상을 찍고 광난두로 내려와 서풍받이를 돌아 나오는 7km는 삼각산의 '삼', 서풍받이의 '서'를 따서 삼서트레킹으로 불리는 대청도의 대표적 걷기 코스다.

광난두 정자각에서 남쪽으로 400m쯤 내려오다 우측 숲길로 들어서면 해넘이 전망대를 만나게 된다. 이곳은 대청도가 자랑하는 서, 남해안의 절경을 가장 쉽게 카메라에 담을 수 있는 곳이다. 우측으로는 광난두해변과 기름아가리가, 좌측으로는 소청도를 배경으로 최고의 갯바위 낚시터로 손꼽히는 독바위까지 각각 한 앵글에 들어선다. 그중에서도 광난두해변은 그 앞에 펼쳐놓은 바다색이 유난히 맑고 짙푸르며 생김마저 자연이 빚은 모

05

습 그대로를 유지하고 있어 야영지로 무척이나 탐이 나는 곳이었다. 물론 언감생심일 테지만, '아, 저런 곳에서 하룻밤을 보내야 하는데' 하며 탄식이 절로 나왔다.

쑥스러운 야영의 기억

기대했던 해넘이는 수평선 위로 피어오른 구름 떼 탓에 허무하게 사그라졌다. 섬 주민이 야영지로 소개해 준 곳은 모래울해변을 둘러싼 야산의 송림이었다. 주민은 해변을 포함한 군초소 라인 아래로는 텐트를 설치하면 안 된다는 당부도 잊지 않았다. 모래울해변은 샤워장과 화장실이 깨끗하게 관리되고 있었지만, 해수욕을 즐기는 사람은 찾아볼 수 없었다. 마을 초입에선 병사들이 텐트를 치고 야전훈련 중인 다소 경직된 분위기였다. 어둠이 찾아든 대청도, 어렵게 얻은 야영지에서 할 수 있는 일은 극히 제한적이었다. 그저 간단히 먹고 자는 일 밖에는.

'사탄동'이라고도 불리는 모래울마을은 이름 그대로 모래로 둘러싸인 마을이다. 해변은 물론이고 야영을 했던 노송숲 역시 그 기반은 모래언덕이다. 마을에는 꽤 많은 가옥들이 밀집해 있었지만 이른 아침이어서인지 주민들의 왕래는 뜸했고 시원한 맥주를 팔 만한 슈퍼는 눈에 띄지 않았다. 모래울해변 언덕에 숲을 이룬 소나무는 토종 적송이다. 붉은색을 띠고 거북 등처럼 갈라진 데다 줄무늬 얼룩이 있어 기린송이라고도 하는데, 수령이 최소 200년 이상 된 것들이다. 붉은 티셔츠를 입은 군인들이 집게와 쓰레기봉투를 들고 해변과 숲 청소에 나섰다. 말이라도 한마디 붙이고 커피라도 끓여주고 싶었으나 그래도 되는지 알 수 없어 멀뚱히 쳐다보기만 했다.

텐트를 걷은 후, 샤워장에서 땀을 씻어내고 옷을 갈아입으려는데 병사 한 명이 다가와 신원조회에 협조할 것을 요구했다. 신분증을 내어주자 "협조해주셔서 감사합니다만 이곳에서 야영하시면 안 됩니다" 하며 낮고 단호한 목소리로 말했다. 순간, 창피하고 부끄러웠다. "정말 미안합니다. 주민 분께서 야영해도 좋다고 해서, 그렇게 알고…."

대청도의 야영지에 대한 수많은 추측과 정보는 직접 방문해 겪어 보고서야 사실을 확인을 할 수 있었다. 법적인 제약은 없다 하더라도 군 작전과 경계로 인해 일체의 야영은 불허되며 그나마 허락된 곳은 답동종합운동장 뿐이라는 것.

대청도에서는 간재미를 팔랭이라 부른다. 선진동 바다식당에 들러 팔랭이회무침에 성게비빔밥을 주문했다. 바다식당이 대청도의 맛집으로 불리는 까닭은 쉽게 알 수 있었다. 푸짐한 재료에 양념 또한 경륜에서 비롯된 깊은 맛이 느껴졌다. 아니나 다를까 점심때가 다가오자 식당 안은 손님으로 가득

찼다. 선착장에서 여객선을 기다리다 문화관광해설사를 다시 만났다.

"어떻게 섬은 잘 돌아보셨어요?"

"예, 덕분에요. 모래울마을에서 야영을 했는데 원래 안 되는 곳이라고 하더라고요."

"봄이 되면 다시 오세요. 대청도는 봄꽃이 필 때 가장 예쁘답니다."

여객선이 다가서자 사람들에 섞여 홍어, 삼치, 우럭 등이 실린 트럭들도 뭍으로 나갈 채비를 서둘렀다.

INFO

교통
인천항연안여객터미널 하루 2회

추천 액티비티
낚시, 캠핑, 트레킹
*삼서트레킹: 매바위 전망대-삼각산-광난두정자각-기름아가리-마당바위-하늘전망대-서풍받이-광난두정자각(7km, 4시간 소요)

뷰포인트
농여해변, 사구, 매바위전망대, 삼각산, 서풍받이, 광난두정자각, 해넘이전망대

숙박과 식당
엘림펜션(032-836-5997), G펜션(032-836-3888), 바다식당(032-836-2476), 선진식당(032-836-3664) 외 다수

문의
대청도(www.daecheongdo.com), 섬투어(031-761-1950)

01 매바위 전망대에서 바라본 모래울해변과 그 너머 서풍받이. 02 겹겹이 쌓인 지층 때문에 일명 나이테바위라고도 부르는 고목바위. 03 대청도의 행정 편의시설이 집결해 있는 선진항. 04 썰물이 되면 하트 모양의 물웅덩이도 생겨나는 농여해변. 05 난대성 해류 덕분에 자생할 수 있었던 대청도 동백나무. 06 2019년 국가지질공원으로 인증된 100m의 수직 절벽 서풍받이. 07 관광객들에게 가장 인기가 있는 대청도의 팔랭이(간재미)회무침. 08 빼어난 자태의 기암 기름아가리와 그 주변은 천혜의 낚시터로 알려져 있다. 09 최소 200년 이상의 수령을 자랑하는 모래울해변의 토종 적송.

맹골군도를 밝히는 멀고 먼 등대섬

맹골 죽도

#맹골군도 #종탑 #무종 #무인등대 #최상급미역 #물이귀한섬
#재넘취 #참새바위

새벽녘 목포역에 도착 후, 택시를 타고 시외버스터미널로 이동했다. 텅 빈
대합실, 불편한 의자를 타박하며 잠시 눈을 붙여보려 하지만 꺼부러지는 몸
과는 달리 정신은 또렷하기만 했다. 깨어있는 새벽에는 배가 더 고프다. 드
디어 진도행 첫 버스에 올랐다. 목포에서 진도읍까지는 한 시간의 거리, 시
외버스의 진동은 역시나 자장가 이상의 토닥임이 있다. 좌석에 앉자마자 널
브러졌다가 정신을 차리자 진도 터미널이다. 숨 고를 틈 없이 기다리고 있
던 군내버스로 갈아 타고는 팽목항으로 향했다.

　종탑은 어디로 갔을까?
　얼마나 지났을까? 잠에서 깨었을 때 여객선은 이미 동거차도와 서거차도
를 지나 맹골수도로 접어들고 있었다. 해무가 걷혀가니 바다는 비로소 푸른
빛이 돌았고, 13시간의 고단한 여정 또한 단잠으로 회복된 느낌이었다. 그리
고 잠시 후, 곽도와 맹골도를 거치고, 여객선은 드디어 목적지 죽도에 닿았
다. 여객선은 하루 한 차례만 운항하므로 다음날까지는 섬에서 한 발짝도 나
갈 수 없는 몸이 되었지만, 마음은 첫 섬의 설렘으로 콩닥거리기 시작했다.
　마을을 돌아보기 전 일단 궁금했던 죽도 등대와 종탑을 찾아보기로 했다.
죽도의 섬 능선은 완만하여 오르는 길은 그리 힘이 들지 않았다. 발걸음을
멈추고 뒤를 돌아보니 건너 섬 맹골도가 오롯한 자태를 뽐내고 있었다. 안

개는 완전히 가시지 않았지만 막힘없는 풍광에 땀이 절로 식는 듯했다. 능선 정상에 오르니, 가슴이 뻥 하고 뚫리는 것 같았다. 시야에 담을 수 있는 가장 넓은 하늘, 바다가 내 앞에 펼쳐졌기 때문이다.

그런데 매달려 있어야 했던 종은 온데간데없이 사라지고, 낡은 종탑만이 외로이 서 있었다. 종은 어디로 간 걸까?

죽도 등대는 해방 무렵 폭격으로 파괴된 후 개축을 몇 번이나 거쳐왔다. 인천을 비롯한 목포항에서 동지나해나 제주를 오가는 화물선이 지나는 길목에서 등대는 여전히 중요한 역할을 맡고 있다. 과거에는 유인 등대로 섬사람의 애환과 함께했지만 2007년 등대원들이 떠난 후, 무인화되었다.

날은 무척 더웠다. 다행히 종탑이 만들어낸 좁은 그늘에서 햇볕을 피할 수 있었다. 대신 태양의 흐름에 따라 부지런히 위치를 바꿔가야 했다. 이미 배에서 반나절을 보낸 터라 마음이 총총했다. 허기를 대충 때운 후, 본격적인 섬 탐방에 나서기로 했다.

죽도 미역은 금싸라기

죽도마을은 낡은 어촌가옥 몇 채를 제외하고는 대부분 몇 해 사이에 지어진 듯했다. 최근에는 죽도에서 노후의 시간을 보내려고 하는 지역 출신들이 많아졌기 때문이란다. 실제 이곳 주민들은 고구마와 보리 등의 농사도 짓고 살았지만, 지금은 몇 명 남지 않고 대부분 연로하여 밭을 가꾸고 수확하는 일은 엄두조차 내기 어렵게 되었다.

죽도에 주민등록을 두고 있는 주민들은 1년에 두 번, 섬에서 모인다. 그것은 바로 미역 때문이다. 정월에는 미역 포자가 잘 붙을 수 있도록 섬 주위의 갯바위를 깨끗하게 청소하는 일, 즉 '갯닦기'에 참여해야 한다. 또 7월 20일을 전후해서 약 한 달간은 미역 채취 기간이다. 죽도는 자체 건조장을 가지고 있을 정도로 미역이 유명하다. 그런데 건조장에서 인위적으로 말려 검은

02

03

빛을 내는 미역은 최상급으로 알려져 백화점 같은 곳으로 납품되지만, 사실 이곳 사람들은 자연 햇빛에서 건조되어 누런빛을 띠는 것을 귀한 것이라 여긴다.

하늘, 바다, 섬 그리고 나

물을 얻기 위해 마을 집들을 기웃거려 보았다. 남루한 담벼락과 색 바랜 양철지붕을 가진 옛집에서 인기척이 느껴졌다. 할머니 한 분이 마당에 미역을 널고 계셨다. 죽도 미역은 자연산인 데다 수확기까지는 때가 일러 서거차도에서 양식 미역을 사 오셨다 한다. 잘 말렸다가 진도 사는 자식들에게 가져다줄 요량이시다. 죽도는 물이 귀한 섬이다. 진도에서 급수선이 들어오면 물탱크에 담아 두었다가 두고두고 아껴서 써야 한다. 할머니는 귀가 어두우신 게 틀림없다.

"물 좀 담아 갈게요."

"뭐?"

"물 좀 담아 가겠다고요, 할머니."

"아, 물? 그려."

섬 사정을 알기에 3리터짜리 물 백을 가득 채울 수는 없었다. 반 정도 찾을 때 주둥이를 닫고 감사하다는 말씀을 드렸다. 할머니의 오래된 부엌에 햇빛 한 조각이 숨어들었다. 부뚜막에 걸쳐진 솥단지 세 개, 그리고 그을음이 달라붙어 검게 변해버린 벽, 솥단지 하나가 유난히 커다란 까닭에 대해 생각해 봤다.

다시 종탑으로 돌아왔다. 마을과는 불과 10여 분 떨어진 거리지만, 마치 이곳은 대단한 오지나 되는 듯, 오래전부터 인적이 끊겨 있었다. 심지어는 마을 사람들조차 '종'이 없어진 사실을 모르고 있었다.

혹자는 맹골 죽도에서 바라보는 해넘이가 우리나라에서 가장 아름답다고 했다지만, 초여름의 하늘에선 그것을 보기가 쉽지 않다. 수평선 위에 진을 치고 있을 박무가 결국에는 해를 삼켜버릴 것이기 때문이다. 하지만 아쉬움은 없다. 섬 여행을 하며 늘 가슴에 담아두고 있는 말이 있다. '자연이 보여주는 것만 보자.' 저녁 7시가 넘어서자 등대가 빛을 발하기 시작했다. 등대는 지나는 배에게 길잡이가 되고 한밤을 홀로 보내야 하는 여행자에게는 위안을 준다. 텐트에 들어가 가만히 누워 있으면 밖에서 들리는 모든 소리는 상상하는 것과 닮아있다. 사람 발자국 소리, 산짐승이 다가오는 소리…. 하지만 바람 소리가 아닌 적이 한 번도 없었다. 그래서 그러려니 하며 잠을 청한다.

좋은 아침, 그러나 초여름의 햇살은 이미 뜨겁게 달아오르고 있었다. 문득 '재넘취'라 불리는 길게 돌출된 능선 끝으로 나아가 사진 한 컷을 담고 싶어졌다. 재넘취는 오래전 방영했던 TV드라마 《패션 70s》의 촬영지로 알려진 곳이다. 풀숲으로 가려진 길을 찾아내고 스틱으로 헤쳐가며 아래로 내려갔다. 혹시나 뱀이라도 밟을까 조심스러웠고 또한 허리까지 차 오는 가시덩굴을 지날 때는 무척 곤혹스러웠다. 결국 섬사람의 발길조차 뜸한 그곳에 섰다. 그 순간, 세상에는 오로지 하늘과 바다, 섬 그리고 나만이 존재하는 것 같았다.

기억해야 할 것들

배 시간까지는 아직 많이 남아있었지만, 너무도 뜨거운 날씨에 식수까지
떨어졌으니 어쨌든 마을로 내려가야 했다. 죽도 역시 맹골도나 곽도처럼 오
랜 침식으로 생겨난 비경의 해안 절벽을 가지고 있다. 절벽 사이로 보이는
먼 섬은 동일 위도상에 있는 신안의 만재도다.

전날 들렀던 할머니 댁을 다시 찾아가 마실 물 한 잔을 부탁드렸더니, 냉장
고에서 차가운 생수 한 병을 꺼내 주셨다. 가게 하나 없는 섬에서의 생수 한
병이라서 그리도 시원하고 맛이 좋았을까? 이방인에 내어준 귀한 배려라 생
각했다. 어쩌면 섬에선 유일할지도 모르는 할머니의 텃밭과 바다 건너 맹골
도가 한눈에 들어오는 정겨운 집과 마당 그리고 돌담을 기억하기로 했다.

점심으로 먹으려고 삶아 두었던 달걀은 제대로 익지 않아 껍질을 깨자마
자 흘러서 바닥에 떨어져 버렸다. 전날의 이맘때와 같은 시간, 여객선이 들
어오고 있었다. 배가 고파왔다. 매점 하나 없는 배에서 세 시간 반을 보내야
할 텐데…. 섬을 돌아 나가며 다시금 등대에 눈을 맞췄다. 그리고 등대를 흠
모한다던 참새바위도 보았다.

여객선은 각흘도와 청등도, 죽항도, 독거도 등의 섬을 돌고, 예정 시간을
30분 정도 더 넘기고 팽목항에 멈춰섰다. 버스를 타고 진도읍으로, 다시 시
외버스로 목포행, 그리고 기차를 옮겨 타고 수원의 집으로 돌아갈 긴 여정
이 남았다.

---

* 1950년대에 제작된 맹골 죽도 무종(안개종)은 종소리로 선박에 항로 위치를 알
려주는 역할을 해왔다. 등대 무인화와 해양장비 발전의 영향으로 2013년 국립등
대박물관에 기증되었다가 2019년 제자리인 종탑에 돌아와 걸렸다.

04

INFO

교통
진도 팽목항 하루 1회

추천 액티비티
낚시, 캠핑

뷰포인트
재넘취, 등대, 종탑

숙박과 식당
식당 없음, 임영철 민박(010-9455-
2305)

문의
맹골 죽도(http://blog.daum.net/
ektjdrkems), 임천동 이장(010-8548-
5211)

01 해식애가 발달한 죽도의 서쪽 해안 3.4km 지점에는 만재도가 있다. 02 2019년 무종이 돌아와 걸릴 때까지 6년을 홀로 보낸 종탑. 03 여름이 되자 초록의 향연이 펼쳐지는 재넘취. 04 죽도 북동해안에 닿을 듯 말 듯 한 절경의 해식주 참새바위.

날마다 생일, 행복한 생일
생일도

\#생일송 \#백운산 \#전복 \#다시마 \#거친매력 \#학서암 \#금곡해수욕장
\#너덜겅 \#멍때리기좋은곳

물 건너 섬, 그리고 그 뒤쪽으로 가물거리는 또 하나의 섬. 뿌연 해무에 둘러
싸였던 하늘과 바다가 서서히 그 경계를 드러내기 시작했다. 거리와 모습을
가늠할 수 없었던 섬들 사이로 생일도가 태어나고 있었다.

  생일도에 오신 것을 환영합니다
  약산 당목선착장에서 생일도까지는 불과 20분 정도의 거리, 여객선이 생
일도에 가까이 다가설수록 서성항 구석구석이 더욱 또렷해졌다. 자세히 보
니 선착장 대합실 지붕에 얹혀 있던 낡은 생일 케이크 모형이 사라지고 주
차장 한쪽에 희고 커다란 새 케이크가 세워졌다. 공사 중인 대합실이 완공
되었을 때 케이크가 다시 지붕 위로 올라갈 것인가는 알 수 없었지만, 여전
히 갓 태어난 아기와 같이 심성 고운 섬 생일도의 환영 인사는 언제나처럼
정성스러웠다. 대합실 옆으로 설치된 나무 계단을 오르니 크고 잘생긴 소나
무 한 그루가 우뚝 서 있었다. 섬은 생일케이크를 선물한 것도 모자라 이번
에는 노래까지 불러줄 모양이다. 소나무의 이름은 '생일송', 전국 공모를 통
해 얻은 귀한 이름이란다. 수령 200년에 마을의 안녕을 기원하던 보호수는
맑고 파란 초여름 하늘 아래 한껏 자태를 뽐내며 탐방객들의 사진 파트너로
활약 중이었다.

전복과 다시마의 섬

유서리는 선착장이 있는 서성마을과 부근의 유천마을을 포함한다. 대개의 작은 섬들과 같이 행정, 편의시설은 선착장 부근에 밀집해 있다. 서성항 부근 식당에 들러 백반을 주문했다. 다수의 섬 식당은 민박을 함께 운영하기 때문에 개별 손님이 식사를 주문해 먹기가 어렵다. 비수기나 주중에는 특히 그러하다. 다행히 서성항 부근에는 일반 식당이 몇 곳 있어서 아무때고 편안하게 섬 밥상을 즐길 수 있어 좋다. 8000원짜리 백반이라도 해물이나 채소 등 식재료들의 신선도가 좋고 거기에 손맛이 더해지니 밥 두 공기는 기본으로 뚝딱이다.

생일도는 완도에서도 최상급 전복 생산지로 유명하다. 직접 양식장에서 질 좋은 전복을 값싸게 구매해서 먹거나 포장해서 돌아갈 수 있다. 마트나 식당을 통해서도 양식장을 소개받을 수 있으며, 직접 배달해주는 서비스도 제공한다. 싱싱한 전복은 껍질을 떼어내고 내장을 분리해서 통째로 베어먹어야 제맛이다. 전복은 클수록 더욱 진한 바다 향이 느껴진다. 내장으로는 전복죽, 날것으로 먹다 지겨우면 그다음은 버터구이다. 서성항 하나로마트는 민박이나 야영을 계획했다면 반드시 들려 가야 할 곳이다. 상품도 다양하고 정가로 운영되어 바리바리 챙겨 섬에 들어오는 수고를 덜어준다.

공정여행은 특별한 것이 아니다. 얼음을 사서 보냉병을 채우는 것만으로도 섬 트레킹은 더욱 행복해진다. 우리나라 다시마의 70~80%는 완도권역에서 생산된다. 그중에서도 평일도와 생일도는 대표적인 다시마 산지다. 섬곳곳에 넓게 펼쳐놓은 녹색의 그물은 다시마를 널어 건조하기 위해 설치해놓은 것이다. 마침 1톤 트럭이 적재함 가득 다시마를 싣고 나타났다. 사람들이 재빠른 솜씨로 그물에 다시마를 널기 시작했다. 햇살 아래 반짝이는 다

02

03

시마에 윤기가 좔좔 흘러내린다. 해풍에 직접 말린 생일도 다시마는 두껍고
맛이 쉽게 변하지 않는다 해서 철갑다시마로 불리며 그 상품성을 인정받고
있다.

백운산 정상에서 품어본 완도의 섬

섬을 제대로 살피기 위해서는 일단 높은 곳에 올라보는 것이 상책이다.
백운산(483m)은 완도군에서 두 번째로 높은 산이며, 섬 산 중에서는 최고봉
이다. 육지에서도 산세를 통해 쉽게 생일도임을 알아볼 수 있을 정도로 위
용이 뛰어나다. 유서리 뒤편에서 백운산을 오르는 것으로 트레킹을 시작했
다. 생일도의 탐방로는 총 15km에 달한다. 하지만 코스와 시간 그리고 난
이도는 걷는 자의 마음에 달렸다. 종주가 부담스러우면 임도길을 따라 편안
하게 걷다가 막바지에 산정상으로 치고 올라갈 수도 있고, 금곡리나 용출리
로 내려와도 좋다. 섬과 바다의 수려한 경관을 즐길 수 있도록 임도길 곳곳
에 전망대를 설치해놓았다.

백운산 중턱에 자리한 학서암을 찾았다. 학서암은 300년 전 승려 화식이
창건한 절이다. 백운산의 기운이 너무 강해 생일도와 주변 섬들에 크고 작

은 사고가 잦았는데, 섬 주민들의 안녕을 기원하기 위해 지어졌으며 주변 산세가 학을 닮아 학서암이란 이름으로 불리게 되었단다. 사찰의 수려함은 뛰어나지 않지만, 고즈넉한 분위기가 마음에 들었다. 옆 섬 평일도의 곳곳이 또렷하게 내려다보이니 친근함도 느껴졌다.

　백운산은 어느 곳에서 오르든 시간이 제법 걸리는 대신 중턱까지는 비교적 완만한 오름세로 이어진다. 정상까지 치고 오르는 마지막 30분 정도만 애를 쓰면 섬 산이 주는 신세계를 경험 할 수 있다. 정상의 바람은 해안 지역과는 세기가 달랐다. 옷깃은 큰소리를 내며 펄럭였고 바람에 날아갈까 걱정되었던 모자는 벗어 버리는 편이 나았다. 백운산은 해발 483m에 불과하지만, 육지 산과는 완전히 다른 거친 매력을 뿜냈다. 정상 능선에는 스폿마다 전망대가 설치되어 있었는데, 지도 앱을 살펴보고서야 발아래 펼쳐진 섬들이 완도와 신지도, 약산도 그리고 금일도, 덕우도 또 멀리 청산도와 초도임을 알았다.

걷다가 멍때리고

백운산에서 내려와 이어진 임도를 따라 금곡해수욕장으로 들어섰다. 섬의 서남쪽에 위치한 금곡해수욕장은 폭 100m 길이 1.2km로 완만하게 만입된 가족형 해수욕장이다. 이곳의 모래는 오랜 시간 조개껍데기가 부서져 쌓인 것으로 그 입자가 다소 굵은 대신 바람에 쉽게 날리지 않으며 몸에 묻어도 털어내기가 쉽다. 오래전이지만 피서철 낚싯배가 에어보트를 끌던 모습이 떠올라 피식 웃음이 났다. 캠핑을 즐기던 해송 뒤편 야영장에는 흑염소 가족이 한가로이 풀을 뜯고 있었다. 한가로운 섬 바다의 정취를 방해하고 싶지는 않았지만, 사람을 발견한 녀석들이 이리저리 뛰기 시작하면서 분위기는 깨지고 말았다.

생일도의 해안도로는 금곡리와 용출리 양방향에서 멈춰선다. 순환도로를 만들지 않는 까닭은 바로 두 마을의 해안을 잇는 너덜경 길 때문이다. 너덜경은 '돌이 많이 깔린 비탈'의 순우리말이다. 금곡해수욕장 해변에 설치된 데크 길을 지나면 해안 탐방로는 울창한 상록수 숲으로 들어선다. 몇 번을 걸어도 참으로 아늑한 오솔길이다. 한동안 숲으로 가려졌던 바다가 다시 시야에 들어왔을 때 '하늘나라에 궁궐을 짓기 위해 가져가던 큰 바위가 땅으로 떨어져 산산조각이 났다'는 전설의 '너덜경 돌 숲길'이 나타났다.

중세의 성벽 길을 연상시키는 너덜경은 생일도가 자랑하는 '멍 때리기 좋은 곳' 가운데 하나다. 한 편에 바다를 끼고 이어지는 해안 탐방로는 용출마을에서 막을 내린다. 마을 앞 해변은 특이하게도 납작하고 작은 갯돌로 이루어져 있다. 갯돌밭은 편평하게 층을 이루고 있으며 해수면보다 지대가 높

07

아 야영지로도 제격이다. 남향의 해변은 한나절 내내 밝고 화사한 분위기가 연출된다. 맑고 투명한 바다 위에 햇살이 춤을 추는 듯한 모습과 파도에 갯돌이 구르는 달달한 소리는 보고 듣는 것만으로도 힐링이 된다. 용출리 갯돌해변 또한 생일도가 선정한 '멍 때리기 좋은 곳'으로 소개되고 있다.

생일도에서는 누구나 생일

섬 여행은 느릿느릿 걷다가 때때로 멈춰 서서 바라보고 음미하는 즐거움이 있다. 그곳에는 고스란히 남겨진 자연과 독특한 문화 그리고 그것을 지켜온 순수한 사람들이 살고 있기 때문이다. 생일도에는 펜션과 민박이 많아 숙박의 어려움은 없다. 최근에는 용출리에 게스트하우스가 생기고, 금곡리에 금곡마을 펜션식당이 오픈하면서 더욱 선택의 폭이 넓어졌다. 금곡해수욕장과 용출리 갯돌해변에서의 야영 또한 추억으로 남겨진 훌륭한 여행 테마였다.

INFO

교통
약산 당목항 하루 9회, 완도연안여객선터미널 하루 2회
*섬 내에서는 금곡마을 최석두 개발위원장의 소형 버스가 오전 6시부터 오후 3시까지 서성항을 출발해 금곡리와 용출리를 오가는 노선버스로(하루 8회, 1000원), 3시 이후에는 부름(Call) 버스로 운행된다(010-6602-3716, 010-6601-2255).

추천 액티비티
금곡해수욕장, 용출리 갯돌마을, 백운산, 너덜겅돌숲길, 생일송

숙박과 식당
용출게스트하우스(010-3209-5210), 금곡마을펜션식당(061-552-0399), 월드식당(061-553-7734) 전복 구매 (황춘화 010-8616-9755) 외 다수

문의
여수관광문화(www.yeosu.go.kr/tour), 전남가고싶은섬(www.jndadohae.com)

---

01 수질 좋고 해변 풍광이 아름답기로 소문난 금곡해수욕장. 02 생일 축가를 상징하는 생일도의 명물 생일송. 03 마을과 도룡량도가 훤히 내려다보이는 용출리 뒷산 길. 04 탐방객의 방문을 환영하는 서성항 대형 케이크 조형물. 05 양식장에 전화 한 통 넣으면 값싸고 싱싱한 전복이 내 앞으로 온다. 06 용출리갯돌해변에서 바라본 황홀한 일출 장면. 07 맑은 날이면 제주도까지 볼 수 있을 만큼 조망이 탁월한 백운산 정상.

01

치유의 섬

손죽도

#손죽열도 #깃대봉 #섬전체가화원 #한옥민박 #쌍봉전망대
#섬고양이 #손죽도막걸리

새벽녘 수산물의 경매가 이루어지는 중앙선어시장의 분주함이야 그렇다 치더라도 여수연안여객선터미널 건너편 교동시장 역시 아침 여섯 시가 채 되기 전 대부분 가게가 문을 열고 손님 맞을 준비를 한다. 섬으로 가는 백패커들은 굳이 배낭에 식재료를 채워 내려올 필요가 없다. 목포엔 항동시장, 통영엔 서호시장이라면, 여수는 교동시장이다. 배타기 전에 싱싱한 해산물이며 채소 그리고 육고기까지, 원하는 재료는 무엇이든 구입할 수 있으니 스스로 꾸며가는 섬 밥상이라 한들 어디 하나 모자람이 있겠는가?

　남쪽 섬의 가을은 아직
　아침 7시 40분, 거문도행 쾌속선에 오르면 외나로도를 지나, 초도에 못 미쳐 닿게 되는 섬이 손죽도다. 여수에서 직선 거리로 60km, 고흥반도와 거문도의 중간지점에 있는 손죽열도의 모섬이다. 중부권에는 폭우가 내리고 있다는 소식이었지만, 섬 날씨는 맑음의 대가인 양 숨이 막히도록 덥고 습했다. 외지에 나갔던 섬 주민들 그리고 몇몇 낚시꾼과 여행자가 선착장에 내렸다.
　손죽도는 면적이 채 3km²도 되지 않는 비교적 자그마한 섬인데다 대부분이 산지와 구릉으로 이루어져 있다. 마을을 병풍처럼 감싸고 있는 깃대봉(242m)을 중심으로 능선의 왼쪽 끝에는 우뚝 솟은 쌍봉이, 오른쪽 끝은 낮은

산허리를 타고 결국 선착장 부근에서 멈춰선다. 게다가 앞바다는 깊게 만입되어 U자 형태를 이루는데, 더할 수 없이 오붓하고 아늑한 느낌이 든다.

2017년 전라남도의 '가고 싶은 섬'에 선정된 이후, 손죽도에는 둘레길이 조성되었다. 섬 전체를 한눈에 조망할 수 있는 쌍봉 전망 데크도 덕분에 설치되었다. 선착장 뒤편, 나무 계단으로 시작된 둘레길은 곧이어 섬 능선을 타고 이어진다. 방목 염소 떼가 유유히 비켜선 뒤로 아랫어미 너머 무인도 반초섬이 반갑고 큼지막한 데크 전망대에 서니 소거문도가 지척이다. 마치 커다란 산 하나가 바다에 떠 있는 듯한 자태의 소거문도는 해안 침식으로 만들어진 아름다운 절경을 간직하고 있다.

산에서 바라 본 섬마을은 참으로 평화롭다. 손죽도의 주민 수는 대략 150명을 전후하며 여느 섬과 다름없이 대부분 노인 가구로 구성되어 있다. 몇년 전 섬을 처음 찾았던 봄, 마을의 첫인상은 매우 인상적이었다. 골목 구석구석과 그 너머 마당까지 오색의 꽃들이 흐드러지게 피어올라 마치 섬 전체가 커다란 화원을 방불케 하는 모습이었다. 섬 주민들이 약속이나 한 듯 나무와 꽃을 심고, 집마다 크고 작은 정원을 일궈낸 결과다.

손죽도는 힐링과 치유의 섬

마을 중앙에는 자연미 그윽하고 황토 찜질방까지 갖춘 멋진 한옥이 자리하고 있다. 오래전 육지 생활을 청산하고, 섬으로 들어와 사는 조순오, 김영란 씨 부부의 집이다. 생존율 5%의 담도암 환자였던 김영란 씨는 남편과 함께 이곳 손죽도에서 풀밥상과 해조류 그리고 풍욕을 통해 암을 완치했다고 한다. 부부의 이야기는 방송을 통해 소개되었고 이후 그것을 본 많은 사람이 손죽도 한옥 민박을 찾고 있다.

"쌍봉 전망대에 안 가보셨죠? 거기서 내려다본 섬 모습이 참 좋더라고요. 그냥 먹는 반찬에 점심 차려놓을 테니 다녀오세요." 꿀맛 같은 냉커피를 건네며 김영란 씨가 활짝 웃었다. 아팠던 사람이라고는 전혀 느낄 수 없을 만큼 건강한 모습이다. 부부와는 처음 손죽도를 방문했을 때 인사를 나누고

간간이 소식을 주고받다 보니 어느새 작은 인연이 되었다.

한여름 호박잎 쌈은 전원생활의 상징과도 같다. 두툼한 삼치구이와 죽염으로 간을 한 나물 무침은 별미 중 별미였다. 결국 놋그릇에 담긴 밥 한 사발을 남김없이 비워 버렸다. "우리집을 찾았던 말기 암 환자분과 밤새 이야기를 나누었어요. 그동안 얼마나 외로웠을까? 들어주는 것만으로도 위안이 되는 것 같았죠. 원래 커피는 건강 때문에 안 마셨는데 손님 중 한 분이 보내주셔서 마시기 시작했어요. 오히려 힐링이 되더라고요." 커피를 내리는 김영란 씨는 더없이 편하고 여유로와 보였다.

전망대에서의 야영은 이제 그만

손죽도 주민들에게 고민이 생겼다. 섬을 찾는 여행자 중 야영객 수가 늘어나면서 둘레길 전망대에 무분별하게 텐트가 설치되기 시작했다. 오물과 휴지 조각이 나부끼고, 화기 사용으로 데크가 불에 타는 일도 발생했다고 한다. 처음에는 좋은 뜻에서 전망 데크에서의 야영을 묵인해 왔지만, 이용객이 많아지니 문제가 생긴 것이다. 통영 매물도나 비진도 등의 섬에서 일어났던 일들이 이곳 손죽도에서도 똑같이 반복되는 것이 안타까웠다. 풍도에서의 야영이 금지되고 굴업도가 논란의 대상이 되는 까닭에 대해 생각해 보았다. 선착장과 각 전망대에 야영을 전면 금지한다는 푯말을 세워둘 것과 사람들이 많이 찾는 주말에는 초등학교 운동장에서의 야영을 배려해 주십사 하는 제안을 했다. 화장실과 수도를 이용할 수 있도록 하는 대신 마을에서 소정의 야영비를 받는 것은 어떨까?

섬 고양이

섬 트레킹을 마치고 초등학교 운동장에 도착했을 때, 전혀 예기치 않은 사건이 기다리고 있었다. 벌레나 모기 등을 우려해서 텐트와는 별도로 설치해놓은 쉘터(Shelter) 안에 고양이 한 마리가 들어가 있는 것이 아닌가! 아마도 먹다 남은 음식을 넣어 두었던 것이 화근이 된 듯했다. 사람을 발견한 고양이는 놀라서 날뛰기 시작했고, 출입구를 찾지 못하자 광란에 이를 정도가 되었다. 낮잠을 위해 깔아놓은 다운 침낭과 매트리스가 걱정돼서 마음을 콩닥이던 순간, 결국 '픽' 소리와 함께 하얀 눈발 같던 털을 날린 후 고양이는 기어코 쉘터를 찢고 달아나 버렸다. 침낭 안에 들었던 우모의 품질에 감탄하며 운동장에 널린 그것을 치우느라 얼마나 애를 먹었는지.

얼마 후 학교 운동장으로 모여든 수많은 섬 고양이들을 보았다.

손죽도 막걸리

마을에는 막걸리를 만들어 파는 할머니가 있다. 수소문해서 그 집을 찾고 외출 중인 박근례 할머니를 기다려 단 한 병 남은 막걸리(2리터 병)를 5000원에 샀다. 과거 육지에서의 술 반입을 엄두도 내지 못하던 시절, 대부분의 섬 막걸리는 제사에도 쓰고 마을 사람들이 나눠 마시기 위해 자생적으로 생겨났다. 이제는 소주며 맥주며 좋은 술들도 배편으로 쉽게 들어오게 되었지만, 유통기한이 짧은 막걸리는 아직도 몇몇 섬에선 그 전통의 명맥에 의지하고 있었다. 손죽도 막걸리는 갖가지 약초가 들어간 이유로 한약향이 있고 매우 걸죽하며 조금 단맛이 느껴진다. 그 조화로움이 적당해서 일단 병을 열면 결국 탁탁 털어 비우게 되는 마력이 있었다.

또 다른 섬으로

봉화산 동쪽 전망대에 서면 마을과 쌍봉이 한눈에 들어온다. 탁트인 하늘과 바다를 가슴에 담고도 무언가 채 살피지 못한 기발함이 곳곳에 숨어 있는 듯한 재주 많은 섬, 손죽도. 오후 세시, 선착장에 여수발 여객선이 들어오자 사람들이 내리고, 그중 일부는 대기하고 있던 섬사랑호에 올랐다. 손죽도의 부속 섬들인 소거문도와 평도, 광도로 가는 섬 주민들이다.

섬사랑호의 선원이 물었다. "어디 가려고?" "평도요." "거기 볼 거 뭐 있다고 가? 요즘 비가 안 와 물 사정도 안 좋고 해서 인심도 팍팍할 텐데." 나는 대합실 화장실에서 물백 두 개를 채웠다.

배가 출항했다. 평도로 가는 바다는 날씨답지 않게 무척이나 거칠어서 멀미가 날 지경이었다. 배는 뒤뚱이고 결국 객실 바닥에 드러눕는 신세가 되었다. "이 바다는 완전히 다른 바다야. 파도도 세고 높아서 배가 못 다닐 때

도 많지. 내일은 아침에 한 번만 운항하니까 전화하도록 해. 전화 없으면 배가 안 오는 수가 있어."

평도는 기대했던 모습과 조금 달랐다. 옛 모습이 남아있을 것이라는 상상과 달리, 최근에 지어진 반듯한 가옥들이 한 집 건너 터를 잡고 있었다. 외지에 살던 사람들이 노후를 보내기 위해 집을 짓고 들어와 살거나 혹은 육지 생활을 병행하며 지내는 까닭이다. 평도는 이름 그대로 높은 산이 없었다. 마을 사이 하나뿐인 길을 따라 내려가 만난 갯가는 그래서 더욱 특별했다. 이 섬에서 가져갈 수 있는 보람이 어쩌면 늦여름 바다 위 별빛이 고작이라 해도.

08

INFO

교통
여수연안여객선터미널 하루 2회

추천 액티비티
트레킹, 낚시, 캠핑

뷰포인트
쌍봉전망대, 깃대봉, 마제봉, 삼각산

숙박과 식당
식당 없음, 민박은 한옥민박(010-
3675-0440) 외 다수

문의
여수관광문화(www.yeosu.go.kr/
tour), 전남가고싶은섬(www.
jndadohae.com)

01 신비의 소거문도가 지척에 보이는 손죽도 동쪽 능선 둘레길. 02 섬으로 가기 전 간식이나 식재료를 구매하기에 적합한 여수의 교동시장. 03 손죽도 단 하나의 마을과 쌍봉이 한눈에 들어오는 봉화산 전망대. 04 정갈하면서도 엔틱한 분위기가 느껴졌던 김영란 씨의 한옥 민박. 05 계절 향이 물씬한 한옥 민박의 자연 밥상. 06 부속섬 소거문도, 광도, 평도로 가는 도선이 정박해 있는 손죽도 선착장. 07 한여름 별빛을 무수히 보았던 평도의 동쪽 해안. 08 섬 여행객들에게 유명한 손죽도 박근례 할머니 막걸리.

완도 섬 여행의 들머리
평일도

#금일도 #해당화해변 #월송리솔숲 #용항리갯돌해변 #거북섬
#소랑도 #일정항

녹동신항을 떠난 여객선은 금당도와 충도를 지나 평일도 동송항에 도착했다. 이곳에서 금일 명사십리(해당화) 해변까지는 4~5km, 걷기에 충분한 거리라 생각되었다. 하지만 남아있던 여객선 에어컨의 냉기는 순식간에 녹아버렸고, 작열하는 불볕 아래 배낭을 메고 고갯길을 오르자니 온몸은 금세 땀으로 범벅이 되었다. 쇠파리들의 성가심까지 견디며 무거운 발걸음을 옮겨 가는데, 여름날의 고통스럽던 순간들이 떠오르기 시작했다. 더위, 습기, 모기… 잘못 떠나온 것일까 하는 후회가 밀물처럼 몰려왔다. 그런데 마침 그때 지나가는 택시가 있어 생각할 겨를 없이 올라탔다.

"해당화 해변으로 가 주세요."

"아니, 이 더운 날에 걸어가려고 했어요? 그 커다란 걸 지고서?"

택시 기사는 어이없다는 듯 크게 웃었다.

용항리 갯돌해변

"평일도에 뭐 볼 것이 있다고 왔슈?" 기사가 물었다.

"내일 생일도로 들어갈 건데 1년 전에 왔던 기억도 있고 해서 다시 찾았죠."

"생일도야 볼 것도 많고 섬도 예쁘지만 평일도는 그저 그라지요."

"왜요? 해당화 해변도 좋고 월송리솔숲도 좋잖아요."

"좋아요? 허허, 그럼 내가 멋진 곳 한번 모셔다드릴까?"

택시가 방향을 바꾸어 찾아간 곳은 '용항리 갯돌해변'이라는 곳이었다. 밀려든 해양 쓰레기와 부서진 시설물의 잔재가 곳곳에 널려져 있었지만, 전체적으로는 오붓함이 돋보이는 멋진 해변이었다. 해변을 뒤덮은 갯돌은 불과 엄지손톱 정도, 백령도 꽁돌해변 이후 본 적이 없었던 크기였다. 갯돌은 파도에 쓸리는 소리마저 달랐다. '챠르르르, 챠르르르…' 몽돌에 청아한 울림이 있다면 갯돌에는 경쾌한 떨림이 있었다. 게다가 가까운 바다에는 몇 개의 섬이 떠 있었고 그중 하나는 영락없는 거북이 모양을 하고 있었다. 예외 없이 그 섬의 이름은 '거북섬'. "아니, 이렇게 멋진 곳을 왜 그냥 놔두는 거죠?" 조금만 정리하고 관리하면 평일도의 명소가 될 것이라는 생각으로 물었다. "이곳이 파도가 거칠어서 시설을 만들면 남아나지를 않아요. 밀려드는 쓰레기도 많고…." 택시 기사도 방치된 해변이 아쉬운 듯 말끝을 흐렸다.

맨 얼굴의 평일도 또한 예뻐요

평일도는 '금일도'라고도 한다. 1900년대 초 일제의 행정구역 개편 때 금당도와 생일도를 합쳐 금당도의 '금', 생일도의 '일'자를 따서 금일면으로 통합되었다가 1980년대 중반에 금일읍, 금당면, 생일면으로 세 섬이 분리되었다. 그래서 사람들은 행정구역 명칭을 따서 금일도로도 부른다.

해당화해변의 공식 명칭은 '금일명사십리해변'이다. 오래전에는 바다에서 마치 사람이 우는 듯한 소리가 들려온다고 해서 '운머리해변'이란 이름을 붙인 적도 있었지만, 주민들은 그냥 '해당화해변'이라 부른다. 해변은 이름 그대로 넓은 백사장을 자랑했던 예전의 모습이 아니다. 모래 유실로 그 면적이 줄어들고 있기 때문이다. 대나무 펜스를 설치하고 소나무를 식재하

02

03

는 등 대책 마련에 고심하고 있지만 초라해져만 가는 모습이 사뭇 안타까울 따름이다.

해당화해변 부근에는 월송해송림이라 불리는 소나무 군락지가 있다. 수령 200~300년의 키 높은 해송이 1.2km나 늘어서고 숲 사이에는 데크 길이 있어 산책을 즐기기에 그만이다. 또한 동백리와 신구리 곶으로 둘러싸인 해송림 앞 해변은 동그랗게 만입되어 안락한 느낌을 준다. 잔잔한 물결 위로 파란 하늘빛이 내리면 평화롭고 고즈넉한 분위기가 연출되는 것도 해송림과 연결된 해변의 매력이다.

해당화해변에 텐트를 치고 살펴보니 멀지 않은 곳에 빨간 다리로 연결된 작은 섬이 있었다. 섬의 이름은 소랑도. 섬 주변의 물결이 항시 잔잔하여 작을 소(小)에 물결 랑(浪)을 붙였다는가 하면, 소라의 사투리를 '소랑'이라고 하는데 섬 모양이 그것을 닮은 것에 연유했다고도 한다. 소랑도 물양장의 방파제는 윗부분에는 콘크리트를 발라놓았지만, 그 축은 돌을 쌓아올린 예전 모습을 유지하고 있었다. 게다가 마주한 두 개의 방파제가 배가 드나들 수 있는 좁은 입구를 만들고 작은 산이 항을 둘러싸고 있어 정박한 어선들은 어지간한 풍파에 끄떡도 하지 않을 것만 같았다. 사실 소랑도는 평일도의 내항을 태풍으로부터 막아주는 방패막이 역할을 하고 있다. 문득 평일도가 가진 관광 인프라는 충분하지만, 어쩌면 정작 섬사람들은 그 가치를 알지 못하는 것이 아닌가 하는 생각을 했다.

급일읍의 위용

소랑도의 이곳저곳을 돌아보다 갈증이 나 맥주라도 한잔 했으면 싶었다. 마침 읍내까지 가는 버스가 있어 그것을 이용하기로 했다. 급일읍 읍내의 분위기는 섬의 느낌이 아니었다. 택시도 여러 대 다니고 대형 마트에 커피숍, 치킨 가게 등 웬만한 육지의 읍내만큼이나 없는 것이 없었다. 주민 수만

2000세대에 4000명에 달하고 다시마 양식을 돕기 위해 들어온 외국인 근로자 수도 많기 때문이다. 마트에 들러 얼음과 맥주 그리고 고기를 조금 샀다. 그리고는 다시 버스를 타고 해당화해변으로 돌아왔다. 해가 지면서 더위는 조금 가셨지만 대신 습기가 몰려들었다. 텐트도 침낭도 축축해지고 꿉꿉하게 보내야 할 밤은 너무도 길었다.

평일도 사람들은 육지 나들이를 할 때 대부분 섬 서쪽의 일정항을 이용한다. 이곳에서 약산 당목항까지는 30분 정도의 거리, 여객선도 하루에 무려 25차례나 다닌다. 당목항에서는 강진으로 나가기가 쉽다. 2017년 장보고대교가 완공되면서 완도로의 왕래도 편해졌다.

반대로 여행자가 섬으로 들어올 때도 당목항에서 배를 타는 것이 여러모

로 효율적이다. 운임이 저렴해서 차량 동반에도 부담이 없고, 평일도와 생일도를 포함한 주변 섬들을 차례대로 여행하기에도 좋다.

06

INFO

교통
약산 당목항 하루 25회, 녹동항 하루
4회

뷰포인트
소랑도, 금일명사십리해수욕장, 용항리
갯돌해변, 월송해송림

문의
금일읍(www.wando.go.kr/www/
introduction/intro/geumil)

추천 액티비티
트레킹, 라이딩, 낚시

숙박과 식당
코로나펜션(0505-1319-9536), 원
조펜션(061-553-2245), 금일국밥
(061-552-2954), 동백횟집(061-
553-4159) 외 다수

01 평일도의 숨겨진 스폿 용항리갯돌해변. **02** 평일도 주민들이 주로 이용하는 육지 관문, 약산 당목선착장. **03** 작은 섬 소랑도
와 평일도는 예쁜 다리로 연도되어 있다. **04** 여름이면 많은 피서객이 찾아드는 금일명사십리해변. **05** 장정리 마을과 앞바다의
평화로운 풍경. **06** 고즈넉하게 산책을 즐길 수 있는 월송해송림.

사람으로 기억되는 섬

하태도

#태도 #상태중태하태 #약초천지 #홍합 #참돔 #부시리 #낚시
#다시마 #섬할아버지

목포항 연안여객선터미널, 첫 기차로 목포에 내려와 여객선을 기다린 지도 벌써 세 시간이 다 되어간다. 여객쉼터에 배낭을 던져놓고 몸을 넌 뒤 자다 깨기를 얼마나 반복했을까? "도초, 비금, 흑산도, 다물도, 상태도, 하태도, 가거도, 만재도 방향으로 여행하실 손님들께서는 1번 개찰구를 통해 8시 10분 출발하는 파라다이스호에 승선 바랍니다." 양치질도 세면도 하지 않은 꾀죄죄한 얼굴, 부스스 몸을 일으키고는 배낭과 카메라를 들쳐멨다. 바다가 잔잔하다는 예보가 있었음에도 매점에 들러 멀미약 '이지롱' 한 병을 샀다. 이지롱의 특성상 이것을 마시면 무기력, 몽롱해지는 현상이 나타나는데 3시간 20분의 긴 시간을 잠으로 때우는 데는 이만한 것도 없다.

　스치는 섬마다 사연도 많아

　쾌속선의 뿌연 창문 너머로 보이는 바다와 섬들의 모습에선 어떠한 감흥도 찾을 수 없다. 그저 불편한 의자에 몸을 기대고 비몽사몽한 상태에 빠져 있음이 고작이다. 도초도를 선실 창으로 흘려 보내고 흑산도 역시 가물거리는 속눈썹 너머로 스쳐 지나니 얼마지 않아 다물도라 한다. 일정 규모의 선착장을 갖추지 못한 섬들은 대게 종선을 내보내 바다 가운데서 사람과 물건을 옮겨 태워 싣곤 하는데, 다물도도 그중 하나다. 과거 다물도는 흑산면에서도 내로라하는 부자 섬이었다. 홍어잡이의 근거지로 흑산 홍어라는 이름

대신 다물도 홍어로 불렸을 정도이며 U자형태로 만입된 섬의 구조 때문에 수많은 고깃배가 드나드는 자연 피항장이기도 했다. 이제 다물도 앞바다는 커다란 양식장이 되었다. 홍어 어장이 사라지고 부유하던 시절은 옛이야기가 되었지만, 우럭 양식에 전복 양식까지, 섬 삶을 위한 노력은 진행 중이다.

흑산과 만재도 사이에 있는 세 개의 섬을 태도라 부른다. 각각의 위치에 따라 상태, 중태, 하태란 이름으로 불린다. 섬 세 곳 중 제일 먼저 만나는 상태 역시 여객선의 접안시설이 없어 종선이 마중을 나왔다. 대게 태도에서 내려지는 물건들은 목포나 흑산에서 실려 온 것들이다. 그 종류도 다양해서 달걀, 화장지, 라면, 육류, 주류 등의 생필품이 주를 이루고 목재, 벽지, 전자제품 등도 눈에 띈다. 상태도의 종선이 물러가면, 내릴 준비를 해야 한다.

우리 섬의 손님이면

드디어 하태도, 함께 내린 사람들을 앞서 보내고 주변 환경을 눈에 익혀가며 천천히 마을로 들어섰다. 선착장에서 불과 몇 백 미터 되지 않은 곳에 남루한 모습의 학교가 바다를 내려다보고 있었다. 흑산초등학교 하태 분교, 재학생이 없어 2018년 공식 폐교된 시설이다.

점심 때가 다가올 무렵 백발의 어르신 한 분이 운동장으로 걸어오셨다.

"어디서 왔어? 텐트 치려고?"

"네, 야영도 하고 섬도 돌아보려구요."

이런저런 가벼운 인사를 나누는데. 불쑥 당신 집으로 가자고 하신다. 어르신이 혼자 사시는 듯한 집은 무척이나 허름했고 가재도구나 조명 기구도 매우 낡아 있었다. 색바랜 신문지를 벗겨내고 보여주신 것은 젊은 시절 찍었다는 사진들이었다. 희로애락의 순간을 기가 막히게 담아낸 수작들이었다. 80세 어르신은 육지 생활을 하다 고향 하태도로 돌아온 지 8년이 되었단다. "이따가 나랑 낚시나 가드라고."

작은 섬에 낯선 이방인이 들어오면 금방 소문이 나게 마련이다. 그 때문에라도 섬 주민들에게는 예의 바르게 행동해야 하며 먼저 인사를 건네는 것을 잊지 말아야 한다. 주민들이 식사하는 자리에 초대를 해주었다. 밥상 위에는 엄청난 크기의 삶은 홍합과 참돔 부시리회가 올라 있었다. "이건 고추장 찍지 말고 짭잘하니께 그냥 드셔 보쇼." 목 넘김을 언짢게 하는 특유의 향과 식감 때문에 평소에는 홍합을 썩 내켜 하지 않았으나 한 점을 입에 넣어 씹어 보니 자연 그대로의 짭조름한 맛과 입 안 가득한 뿌듯함에 절로 고개가 끄덕여졌다.

함께 상을 둘러앉은 할머님들의 젓가락질도 홍합 접시로 집중되었다. "낸 요놈이 젤 맛있당께." 자연산 참돔이야 그렇다손 치더라도 부시리는 방어와는 전혀 다른 묵직한 식감과 찰진 맛이 그만이었다. 체면 차릴 것 없이 손바닥에 김을 올리고 회 한 점을 양념장에 푹 찍어 젓갈 향이 진하게 풍기는 무나물과 함께 싸 먹으니 그 맛은 무엇과도 비교할 수가 없었다.

노인과 섬

"방파제에 나가 우럭 낚시나 하자구. 내가 낚싯대 두 개 갖고 왔응께 따라 오더라고."

어르신을 따라 방파제로 나갔다. 미끼는 소금에 절여 알맞은 크기로 썰어 낸 고등어 살이었다.

"껍질부터 낚싯바늘을 꿰어야 떨어지지 않는당께." 어르신은 미끼를 끼는 법을 자세히 알려주었다. 테트라포드 사이로 낚싯줄을 드리우니 곧바로 입질이 왔다. '물 반 고기 반'이라는 말은 이럴 때 쓰는 것인가 보다. 바구니는 금세 펄떡이는 우럭으로 가득했다.

선착장에 기대선 어선 위에서는 무인도에서 채취한 홍합의 껍데기 벗기는 작업이 한창이었다. 어르신 말에 따르면 개인의 작업량은 하루 평균 20kg 정도가 되고, 수입도 쏠쏠하단다. 비록 고단한 일거리지만 섬사람들이 살아가는 밑거름이 되는 일이다. 어르신은 당신의 집에서 저녁을 함께하자 했다. 잡은 생선으로는 회를 뜨고 그 머리와 뼈로는 지리를 끓이겠노라는 그의 목소리는 들떠 있는 듯했다. 점심으로 회를 먹어버린 터라 절실히 당기지는 않았지만, 거절할 수도 없는 노릇이었다.

조촐한 저녁상에는 찬장에서 10년쯤 묵었을 간장이 종지에 담겨 올랐다.

한참을 부스럭거리던 어르신은 기어코 고추냉이도 찾아냈다. 고추냉이 또한 유통기간을 몇 해 넘긴 듯했다. 항아리에 담겨 있던 하수오주와 양귀비주가 오가고, 간장이나 초고추장을 찍지 않은 맨 회를 한 점 한 점 씹고 나니 취기도 오르고 긴장도 풀려가는 듯했다. 그사이 어르신의 이야기는 오래전 섬을 떠나야 했던 시절로 거슬러올랐다. 술기운 때문일까? 아니면 설움이 복받쳐서일까? 어느새 노인의 눈가는 촉촉해지고 있었다. 핏덩이를 배속에 품은 채 먼저 가버린 아내는 그의 가슴에 응어리로 남았다. 노인에게 추억이란 쌓아가는 것이 아니라 하나둘 버려지는 것, 아픔도 단련이 되면 무던한 일상이 되고 하루하루는 그저 무심히 오고가는 물결과 같다.

썰물이 되어 해안이 좀 더 모습을 드러내면 섬 주민들은 파도에 밀려왔던 미역과 다시마를 채취한다. 오늘 하루 바다가 주는 마지막 선물이다. 채취한 해초들을 끌어올려 선착장이나 길옆에 늘어놓으면 그들의 고단한 일과도 끝이 난다. 운동장 대신 선착장에 텐트를 쳤다. 한나절의 여정을 섬사람들에 의지했으니 이제는 혼자만의 시간을 가져 보는 것이 좋을 것 같았다.

하태도 산야는 약초 천지

새벽녘, 네 시쯤 되었을까, 고요하던 선착장에 인기척이 느껴졌다. 곧이어 기도 소리가 들려오는데, 목소리가 낯이 익었다. 한 시간가량 이어졌던 기도가 끝나자 기도하던 이는 "일어났소?" 하며 가뜩이나 얕은 잠을 마저 깨웠다.

섬 가이드를 자청하고 나선 어르신 덕분에 이곳인가 저곳인가 하며 망설일 필요가 없어졌다. 등대 언덕은 발전소 경내를 통과해야만 갈 수 있었다. 뱀을 조심해야 한다며 작대기로 풀숲을 두드리며 앞장을 서니 낯선 길도 한층 쉽고 편했다. 점점 익숙해지는 눈을 들어 바다를 살피면 왼편으로는 하태의 꼬리가 오른편에는 중태와 상태가 지척이다. 채 마르지 못한 이슬이 바짓단을 적셔도 뭍과는 사뭇 다른 상쾌함에 마음은 바다 위를 나는 듯했다.

마을 사잇길은 섬 능선으로 이어진다. 섬은 면적 대부분을 자연에 내어주고 사람들에게는 살아갈 정도의 땅만을 허락했다. 섬 능선에는 야관문, 엉겅퀴, 인진쑥, 뜸북, 잔대, 구절초 등 발길이 닿는 곳곳에 귀한 약초 천지였다. 그저 풀과 꽃으로만 보였던 그것들이 어르신의 설명 덕분에 이름과 쓰임새가 있음을 알았다. 하태도는 지도에서 보면 목이 길고 등에 혹을 하나 올려놓은 동물의 모습을 하고 있다. 마치 반도처럼 길게 돌출된 곳은 동물의 목에 해당하는 부분으로 가운데 길을 따라 걸으면 양옆으로 바다를 거느리는 호사를 누릴 수 있다.

짧은 만남, 아쉬운 이별

방파제에 늘어놓은 다시마들은 늦여름 햇살에 잘도 말라가는데, 아침 밥을 당신의 손으로 지어주겠다던 약속은 까맣게 잊은 채, 어르신은 바지를 걷고 물 빠진 바다로 들어가셨다.

05

"어이, 이거 좀 끌어올려!" 어르신이 다시마를 따 모으고 그것을 줄로 묶으면 끌어 올려야 했다. 몇 번이나 반복했을까? 마을의 작은 점방에서 사 온 캔맥주는 냉기를 잃고 허기가 밀려와 달랑 남은 달걀 두 개를 프라이해서 막 입으로 가져 가려는 순간, 다시마 따는 일을 마치고 방파제로 올라오신 어르신은 "좋은 냄새 나는데 계란후라이 했어? 내 몫도 있나?"하며 두 개를 몽땅 드셔버렸다.

좀 더 먼 바다로 나선 배가 가거도에 들르고 만재도를 거쳐 다시 섬으로 들어오면 이제 뭍으로 돌아가야 한다. "조심해서 가고 항상 건강하더라고." 헤어짐은 늘 그러했을까? 어르신은 배가 멀어지는 동안 한 번도 눈길을 주지 않으셨다. 섬에선 섬대로 살아가는 방식이 있고, 그들만의 이해와 규칙이 있다. 바라보는 시각에 따라선 불합리하고 공정하지 못한 부분도 있을 테지만 그런데도 오랜 세월 공생할 수 있었던 까닭은 양보하고 타협해야만 살 수 있었던 고립된 환경과 문화 때문이다. 사람으로 기억되는 섬, 하태도. 어르신의 일상에 낚시와 TV 드라마가 아닌 섬 주민들의 웃음이 함께했으면 좋겠다는 생각을 하며 여객선 매점에서 산 차가운 캔맥주를 벌컥 들이켰다.

INFO

교통
목포연안여객선터미널 하루 1회

07

추천 액티비티
트레킹, 낚시
* 1코스: 마을상수도-대목-새끼미-물새끝(반환점)-새끼미-대목-마을상수도(5km, 2시간 소요)
2코스: 마을상수도-높은산-붉은넊끝-붉은넊-송신탑-지푸미-큰산-목너끝삼거리-지푸미-보건소(6km, 3시간 소요)

뷰포인트
높은산, 큰산, 목너끝, 붉은넊, 장굴해수욕장

숙박과 식당
산호민박(010-4242-7923), 태양민박(061-246-2437) 외 다수

문의
전남의 섬(http://islands.jeonnam.go.kr/) 흑산면사무소 태도출장소(061-240-8618)

---

01 바다를 향해 거침없이 뻗어난 하태도 섬 능선. 02 하루해가 저무는 순간 급작스레 고요가 찾아드는 섬. 03 잔뜩 잡아 올려진 부시리와 참돔, 하태도는 어족이 풍부한 섬이다. 04 섬에서 식사 초대를 받았을 때 망설이면 꼭 후회하게 된다. 05 파도에 밀려온 다시마는 건져 올려 방파제에 널어놓으면 그만이다. 06 섬이라서 더욱 쓸쓸해 보이는 노인의 뒷모습. 07 지명조차 정겨운 하태도 능선길. 08 바람과 파도에 주의를 기울여야 하는 선착장 야영.

01

02

다시 그 섬으로 가야 할 이유

비안도

#가력도항 #비안두리호 #캠핑장 #몽돌 #꽃게 #주꾸미 #김양식
#망아정 #모치

가력도항을 다시 찾은 것은 거의 4년 만이다. 2019년 비양도는 여객선 재취항의 숙원을 이뤘다. 섬의 주민 수가 감소하고 새만금 방조제가 완공되면서 군산항과 비안도를 오가던 여객선은 2002년 운항이 중단됐다. 이후 섬으로 가기 위해서는 가력도항에서 마을 이장이 간헐적으로 운항하는 보트를 얻어 타야 했다. 편도 8만 원, 승객이라도 많을 때는 십시일반 요금을 나눠 낼 수 있었지만 한두 명이 감당하기에는 부담스러웠다. 작은 여객선 한 척 띄우는 것이 뭐가 그리 어려웠는지, 20년에 가까운 세월을 보내고야 정원 12명의 12톤급 여객선 비안두리호가 취항을 한 것이다.

섬을 찾아온 사람, 떠나는 아이

비안도는 신시도와 변산반도를 잇는 새만금방조제 서쪽 6km 지점에 있는 작은 섬이다. 섬의 모습이 날아가는 기러기와 흡사하다는 데서 이름이 연유되었다. 하루 두 번 왕복하는 여객선을 이용하기 위해서는 선착장 입구의 승선대기실에 비치된 명부에 인적사항을 기록해야 하고 편도 1만 원의 운임은 승선 후 지불하면 된다. 가력도항에서 비안도까지는 15분 정도가 소요된다.

비안도는 접안시설이 새로 들어선 것을 제외하고는 크게 달라진 것이 없었다. 머릿속에 가물거리던 기억이 하나둘 추억을 소환하기 시작했다. 할머니가 손자를 맡아 키우며 그물 손질을 했던 공동작업장에는 마을 사람들이 모여 웃음꽃을 피우고 있었다. 몇 년 전 귀어를 하고 그 억척스러움에 방송 출현까지 했다는 아주머니가 그 주인공이다. 초여름 비안도는 꽃게, 주꾸미 잡이가 한창이고, 가을이 되면 김 양식에 눈코 뜰 새 없이 바쁘단다. 비안도에 하나밖에 없는 슈퍼에도 추억이 있다. 맥주 몇 병을 시켰더니 먹음직스러운 묵은지에 양념게장을 안주로 내어 줬던 주인 아주머니, 모습은 기억나지 않았지만 넉넉한 인심만큼은 또렷하게 남아있었다.

비안도에는 예쁜 잔디 운동장과 그 너머로 가장 넓은 하늘, 바다를 펼쳐 둔 초등학교가 있다. 이곳에서 공부하는 아이는 정말 좋겠다며 여행자라면 누구나 부러워했던 이 학교는 아섭게도 2021년이면 폐교의 갈림길에 선다. 마지막 6학년생 한 학생의 졸업으로 생겨날 일이다.

비안도는 해발 190m가 채 안 되는 노구봉과 남봉산을 중심으로 대체적으로 완만한 지형을 이룬다. 섬의 동쪽에 밀집된 마을은 비교적 최근에 지어진 가옥 사이 낡은 지붕과 담벼락을 가진 집들이 간간이 섞여 있는 모습이다. 주민 대부분이 어업을 생계로 하다 보니 농사일은 그저 이웃들과 나눠 먹을 정도의 텃밭 수준이다. 마을 앞 해안에는 어선들이 정박할 수 있는 방파제 시설들이 들어서 있다. 두 겹 이상으로 파도와 바람을 막아주는 방파제들 덕에 비안도 선창은 최적의 피항장이 되었다.

태풍의 피해는 있었지만

학교 운동장을 가로지르면 섬의 서쪽 해안으로 통하는 고개로 들어선다. 인적이 많지 않은 고갯길은 풀숲으로 뒤덮여 있었다, 혹시나 뱀이라도 만날까 두려워 만발한 들꽃과 새소리에 집중할 수는 없었지만 좋은 날씨, 푸르름에 쌓인 섬은 운치가 있었다. 고갯마루를 넘어가면 섬의 서쪽 해안이 나타난다. 약 700m의 해변은 온통 몽돌 천지다. 울퉁불퉁한 몽돌 위로는 데크 길이 놓여있다. 여행자나 마을 주민이 한가로이 산책을 즐길 수 있도록 2012년 행정자치부 '찾아가고 싶은 섬' 가꾸기 사업으로 설치된 시설이다. 그런데 데크 길의 일부 구간들이 파손되고 끊겨 있었다. 지난해 잦은 태풍에 피해를 본 것이다.

데크 길의 남쪽 끝에는 '망아정'이라 쓴 현판이 달린 정자 한 채가 우뚝 서 있다. 바람이 시원하고 시야에 거침이 없어 낮잠을 자거나 아무 생각 없이 시간을 보내기에 그만이다. 또한 망아정 주변은 농어 포인트로 알려져

03

갯바위나 선상에서 낚시 삼매경에 빠진 사람들을 쉽게 목격할 수 있다.

비안도를 처음 방문했을 무렵 때마침 캠핑장이 조성되었다. 깨끗한 시설과 탁월한 자연환경, 무엇보다 작은 섬에서도 안락한 캠핑을 즐길 수 있다는 사실이 너무도 좋았다. 별을 보고 풀벌레 소리를 들으며 보냈던 하룻밤은 비안도가 내게 준 또 하나의 추억이었다. 그동안은 섬으로 오는 길이 어려워 많은 이가 찾지는 못했을 테지만, 여객선의 힘을 빌려 캠핑 명소로 거듭나기를 소망해 보았다.

섬의 이곳저곳을 바쁘게 돌아다니다 보니 초여름 긴 하루도 어느덧 저물기 시작했다. 기대했던 노을은 오늘도 만나지 못했다. 하지만 감각의 주류가 시각에서 청각으로 변하는 그 시간, 오묘한 자연의 흐름에 집중할 수 있어 좋았다. 그렇게 얼마나 지났을까, 파도와 바람 소리 사이로 배고픈 고양이의 울음이 들려왔다.

다시 만나니 인연이다.

이른 아침, 다른 섬으로 이동하기 위해서는 첫 배를 타야 했다. 슈퍼에 들려 요기가 될 만한 무엇이라도 먹고 싶었지만, 문이 닫혀 있어 발걸음을 돌렸다. 선착장 부근에서 멍하니 서 있을 때 누군가가 종이컵을 내밀었다. 말투를 보니 섬에서 일하는 외국인 근로자로 보였다. 수줍은 미소로 건네준 믹스커피 한 잔. 인사를 전하고 한 모금을 마셔보는데 달콤함이 혀끝에서 온몸으로 전해지는 듯했다. '오늘도 기분 좋은 하루가 되겠는걸.'

선착장 바닷속에는 길이 20cm쯤 되었을, 엄청 많은 숫자의 물고기 떼가 파닥이고 있었다. 난생처음 보는 광경이라 주민에게 물어 보니 '모치'라고 불리는 숭어 새끼들이라 한다. 어릴 때는 부유물이 많은 선착장 등지에서 살다가 성어가 되면 먼바다로 떠난다는 것. 나란히 모치를 구경하던 아주머니 세 분이 사진을 찍어 달라고 했다.

　이런저런 얘기를 나누다 보니 그중 한 분이 유난히 낯이 익었다. 슈퍼 아주머니였다. "예전에 왔을 때 너무 고마웠어요. 김치와 게장도 주셔서 평상에서 한참을 놀았잖아요. 아, 갓 잡은 전어도 나눠 주셨어요. 그때 어린 손자를 데리고 일하시던 할머니도 계셨는데." 별 기대 없이 그저 감사함을 전하고 싶었다.

그런데 "기억나요, 여러 명이 배낭을 메고 왔던." 하며 알아봐 주시는 게 아닌가. 슈퍼 아주머니는 아침 한 끼를 못 차려 준 것이 마음에 걸렸나 보다. "다음에 꼭 와야 해요. 그땐 맛있는 밥상 차려 줄게요. 망가진 산책로도 단단하게 고쳐놓을 테니까 꼭 와요." 군산으로 장을 보러 간다는 아주머니들과는 가력도항으로 나와 헤어졌다.

비안도, 그곳에는 인연과 정을 소중하게 생각하는 사람들이 산다. 섬을 떠나올 때 또다시 그곳으로 가야 할 이유가 생기는 섬.

05

　섬에서의 하룻밤

INFO

교통
가력도항 하루 2회(코로나 종료시 하루 3회)

추천 액티비티
낚시, 캠핑(캠핑장)

뷰포인트
몽돌해변(조기너머해변), 데크 산책로, 망아정, 만금정

숙박과 식당
해촌민박(063-462-3659), 비안도 민박(063-463-5022), 비안도슈퍼 (010-7451-3132)

문의
군산시 문화관광(www.gunsan.go.kr/ tour),

01 반나절쯤 앉아 쉬면 머리가 맑아질것처럼 전망 좋은 망아정. 02 섬 주민들도 저녁이 되면 산책을 즐기는 데크 탐방길. 03 아름다운 섬 학교가 폐교되지 않고 그대로 남아주기를 소망한다. 04 몇 겹의 방파제로 싸인 피항장에 고깃배들이 가득하다. 05 도선의 왕래를 위해 선착장에 설치된 전용 뜬부둣가. 06 비안도 열혈 삼총사.

PLUS 다리가 놓인 섬 _여수 편

5개의 다리와 4개의 섬_ 적금도, 낭도, 둔병도, 조발도

2020년 초, 고흥과 여수 사이의 4개 다리가 개통되면서 적금도, 낭도, 둔병도, 조발도 는 양방향에서 차량으로 올 갈 수 있는 섬이 되었다. 섬에 다리가 놓이면 많은 것이 달 라지게 마련이다. 우리 알고 있던 섬을 기억하는 일, 누구의 몫일까

빗줄의 섬_적금도

적금도는 2016년 팔영대교 개통으로 고흥반도와 연륙된 최초의 여수 섬이다.

적금도란 이름은 금을 쌓아둔 섬이라는 뜻으로 생긴 이름이다. 오래전부터 금맥이 있다는 이야기가 전해져 일제 강점기부터 수차례의 채광을 시도했지만 성공한 예는 없었다. 적금도는 외형적으로는 평범한 어촌마을의 인상을 주는 섬이다. 과거 화양면 벌가항에서 도선으로 왕래 할 때에도 여행객들에게 관심을 받던 곳은 아니었다. 하지만 적금도 주민들은 삶의 질을 향상하기 위해 묵묵히 내실을 쌓아왔다. 그 결과 전국 최초의 '어민주식회사'를 탄생시켰고, 바지락양식장, 해조류 채취장 등의 어업권을 마을 공동체

에 귀속, 운영하고 있다.

   팔영대교 아래 적금도로 들어가는 길목에는 적금리 휴게소가 자리하고 있다. 휴가철이 지난 후라 식당과 편의점은 철시한 상태였다. 팔영대교 건너편 고흥 쪽 들머리에 '스마트복합쉼터'가 들어서면 경쟁력을 유지하기가 더욱 어려워질 것으로 생각되었다. 적금도 마을 내에는 작은 포구가 있다. 작은 어선이 들어와 잡은 물고기들을 내려놓고 있었다. 여행자의 시선을 눈치챈 아주머니가 팔뚝보다 굵은 생선 한 마리를 큰 웃음으로 들어 보였다. 여행의 본질은 그곳을 만나는 것이다. 아주머니의 웃음으로 적금도가 조금 더 정겹게 느껴졌다면 일단 기본은 한 셈이다. 마을 길을 걷다 보니 바닷일에 쓰이는 굵은 밧줄이 쉽게 눈에 띄었다. 그것은 지붕 위에, 담벼락에 마치 예술 작품인 양 올려지고 또 걸려 있었다. 심지어 섬 내 도로의 과속방지턱도 밧줄을 두껍게 꼬아 설치했다. 이쯤 되면 적금도에 '밧줄의 섬'이란 별명을 붙여도 좋을 듯했다. 마을 앞을 지나는 해안도로를 독섬대팽길이라 한다. 독섬은 섬의 북쪽 끝에 있는 작은 바위섬으로 본래 이름은 소당도다. 약 1.5km의 해안 길에는 섬 바다의 애틋한 정서가 있다. 이런 길은 차를 세우고 직접 걸어봐야 한다. 다리가 생겼다고 무조건 차를 타고 여행하는 것은 옳지 않다. 스쳐 지나는 순간 많은 것을 놓치게 될 테니까.

트레킹과 캠핑장과 막걸리 _낭도

낭도는 다리가 놓이기 전부터 세간의 관심을 받는 섬이었다. 현재까지 여수항이나 화양면 백야도에서 여객선을 타고 낭도로 들어오는 여행객들은 섬이 가진 세 가지 테마 중 하나 이상에 기대를 품고 있다. 낭도의 첫 번째 테마는 트레킹이다. 3개의 코스로 나눠진 낭만낭도 둘레길과 상산 등산로 4개 코스는 두 개의 마을과 숨겨진 해변 그리고 주상절리를 비롯해 절경의 해안을 거쳐 가는 오밀조밀 예쁜 걷기 길이다.

두 번째는 캠핑장이다. 폐교가 캠핑장으로 탈바꿈하기 훨씬 전부터 백패커들은 무거운 배낭을 짊어지고 낭도를 찾았다. 그들에게 매우 호의적이었던 섬은 이야기에 귀를 기울였고 불편함이 없는지 살폈다. 그러한 교류는 오늘의 캠핑장을 탄생시켰다. 아름다운 낭도 해변을 전면에 펼쳐둔 캠핑장

은 환경이나 시설 면에서도 최고의 수준을 자랑한다.

낭도가 다른 섬과 구별되는 것은 뭐니 뭐니 해도 세 번째 테마 '막걸리'다. 여산마을 안에는 오래된 양조장이 있다. 백년도가로 불리는 양조장은 4대째 가업으로 이어져 왔으며 그 역사만도 100년이 넘는 것으로 알려져 있다. 백년도가에서 생산되는 '낭도젓샘막걸리'는 철분이 함유된 심층수를 사용하고 재래식 큰 독에서 밀을 발효시켜 만들기 때문에 노란빛을 띤다. 코로나 때문에 개최되지는 못했지만 '2020 섬의 날' 국무총리 만찬주로 선정되기도 했다. 다리가 놓이기 전까지 낭도막걸리는 소량 생산에 육지로 반출을 하지 않아 섬에서만 맛볼 수 있는 귀한 술이었다. 낭도에 다리가 놓이자 여행객의 기대가 더욱 커졌다. 섬 곳곳에 관광객을 위한 카페와 간이 식당들이 생겨났다. 차박을 하는 차량도 쉽게 목격되었다. 하지만 섬이 가진 관광 인프라는 접근이 쉬워진 대신 육지와 경쟁을 해야 하는 처지가 되었다. 머물고 싶은 섬을 만들기 위한 작업은 어쩌면 더욱 어려워졌는지도 모른다. 전통이 지켜지고 인심이 사라지지 않기를 소망한다. 적어도 낭도라면.

낚시 삼매경 _둔병도

낭도와 둔병도를 잇는 낭도대교는 다른 다리들에 비해 단순한 구조로 되어있다. 운전하면서도 아름다운 주변 바다와 섬의 경관을 조망할 수 있도록 개방감을 확대한 형태로 설계했기 때문이다. 둔병도로 진입하는 길가에는 언제나 많은 차량이 주차되어 있었다. 차량의 주인들을 찾으려면 낭도대교 밑으로 가야 한다. 십중팔구 그곳에서 낚시 삼매경에 빠져 있을 테니까. 마을은 다리에서 서쪽으로 1km가량 떨어진 해안에 있었다. 섬 전체의 면적으로 보면 마을은 극히 일부에 지나지 않는다. 농토가 부족했던 주민들은 마

을 앞의 하과도란 무인도에 다리를 놓고 그 땅을 개간하여 농사를 지었다.

　지도를 보면 적금도, 낭도, 둔병도, 조발도 모두 여자만의 맨 아래 관문을 지키고 선 섬들이다. 그중에서도 둔병도는 나머지 섬들에 둘러싸여 있어 마치 천혜의 요새와 같다는 생각이 들었다. 섬의 첫인상은 평온함이었다.

　노전배를 젓는 어르신이나 하과도로 밭일 나가는 아주머니에게도 조급함이란 찾아볼 수 없었다. 여수항에서 하루 두 번 다니는 여객선은 하과도 선착장에 기항한다. 둔병도 본섬에는 여객선을 접안 할 시설이 없기 때문이다. 보행용 유모차 두 대와 자전거가 놓인 낡은 방파제 너머로 팔영대교와 적금대교의 모습이 눈에 들어왔다. 바다는 미동조차 없이 잔잔했고 크고 작은 섬들이 유유자적 오후 한때를 즐기고 있었다. 특히 그중에서도 윗부분이 납작하고 평편한 상과도가 눈길을 끌었다. 초지로 덮인 섬 위에 텐트를 치면 멋진 그림이 될 거라는 상상을 했다.

　마당 한 켠 돌 위에 널어놓은 빨간 고추 몇 알, 담벼락에 기대선 낡은 자전거, 폐창고 벽에 걸린 그물 망태기. 어쩌면 작은 감성 하나도 섬을 찾는 이유가 될 수 있다.

인기척을 해주세요 _조발도

　조발도 들머리의 전망대는 풍광이 좋기로 유명하다. 높은 곳에서 바라본 둔병대교의 모습은 수려했고 전망대 조형물과도 잘 어울렸다. 조발도 단 하나의 마을 역시 섬의 북서쪽 귀퉁이에 자리하고 있어 다리와는 꽤 거리가 있었다. 게다가 마을 안으로는 차량진입이 불가능했다. 워낙에 경사진 터를 기반으로 하고 있기 때문이다. 차를 세우고 마을로 내려가려는데 반대편에서 할머니 한 분이 올라오고 계셨다. 그 걸음은 저속영상을 보는 것 같았다. 일정한 호흡과

05

06

07

01 배를 동여매거나 거친 해풍으로부터 지붕을 보호하는 용도로 쓰였던 굵은 밧줄. 02 왠지 모를 풍요로움이 느껴지는 포구의 고깃배. 03 시설과 환경에서도 가히 최고 수준을 자랑하는 낭도캠핑장. 04 차박은 다리가 이어진 섬을 즐기기에 좋은 아우팅 테마다. 05 둔병도와 조발도를 잇는 둔병대교는 여자만의 섬과 떠오르는 태양을 상징했다. 06 둔병도 마을로 들어가는 정감한 도로. 07 편안함을 주는 둔병도의 정서와 잘 어울렸던 구선착장의 노전배.

움직임, 아마도 오랜 세월 비탈길을 왕래하며 터득한 요령일 거로 생각되었다. 마을에는 빈집이 많았다. 어떤 집은 지게와 농기구가 가지런히 놓이고 마당에는 곡식이 널려져 있었지만, 인기척이 없었다. 풀숲이 돌담을 덮고 우물 안으로 무성히 자라났다. 섬에 다리가 놓이거나 말거나 연로한 주민들에겐 아무 상관 없는 일일지도 모른다. 마을 담벼락에 적혀있는 '조발도 일기'라는 글을 보았다. 지은이는 목수, 농부, 시인이라 소개되어 있었다.

> 모진 비바람과 거친 파도 앞에
> 물러섬 없이 한치 흔들림 없이
> 천년의 가난과 무관심
> 저마다의 온갖 슬픔과 기쁨을 품에 안은 채
> 묵묵히 바다에 떠 있는 섬

조발도는 그런 섬이었다. 마을 한쪽을 보니 다행히 차량이 드나들 수 있도록 도로 공사가 진행 중이었다. 농어촌 버스라도 마을 안으로 들어오면 어르신들의 여수 나들이가 조금은 편해질는지도.

BRIGE

다리의 이름
고흥에서 여수 방향으로 바로 전 지역명이 다리 이름이 되었다. 고흥에서 적금도는 고흥의 팔영산 이름을 따서 팔영대교, 적금도와 낭도 사이의 다리는 적금대교, 낭도와 둔병도는 낭도대교, 둔병도와 조발도는 둔병대교가 된다. 그런데 마지막 조발도 다음은 육지인 화정면(여수시)이다. 그래서 이곳 다리의 이름은 양 지역의 첫 글자를 따서 조화대교라 명명했다.

INFO

뷰포인트
적금도(포구, 독섬대팽길), 낭도(장사금해변, 주상절리), 둔병도(포구, 상과도, 하과도), 조발도(조발도전망대)

숙박과 식당
낭도100년도가식당/한옥민박(061-665-8080), 낭도의아침펜션(010-6417-8817), 여산민박(061-665-0850), 낭도게스트하우스(010-2475-0945)

문의
여수관광문화(www.yeosu.go.kr/tour), 낭도캠핑장(조인귀 사무장 010-9401-8929), 낭도젓샘막걸리(강창훈 사장 010-7175-5467)

신안페리2호

해질 무렵의 수치도

가을
—
Autumn

다도해의 최남단, 가을 섬의 끝판왕
거문도

#동도 #서도 #고도 #거문대교 #도내해 #백도 #서도지맥 #불탄봉
#거문도등대 #녹산등대 #목넘어 #해풍쑥 #신지끼 #인어공원 #가을섬

11월이 되고야 진정한 가을을 보았다. 계절을 상징하던 10월의 색에 아쉬워하며 꼬박 한 달을 기다리고 나서야 비로소 높고 파란 하늘을 만나게 된 것이다. 몇 년 사이 기후가 변한 탓일까? 거문도는 마음만 먹으면 찾아갈 수 있는 섬이 아니다. 3, 4월부터 10월까지는 관광객이 집중적으로 몰려 배편 예약이 쉽지 않다. 또한 동계에는 잦은 기상 악화 탓에 결항률이 높아진다. 만만치 않은 계절의 틈새를 노리던 11월 중순, 배편의 여유로움을 핑계 삼고 절정에 달한 가을을 찾아 거문도로 떠났다.

3개의 섬으로 이루어진 거문도

거문도는 동도, 서도, 고도라는 이름을 가진 3개의 섬으로 이루어져 있다. 고도와 서도는 삼호교로, 서도와 동도는 거문대교로 이어져 있다. 그중 면적은 서도가 가장 크지만, 행정과 편의시설의 대부분은 고도에 집중되어 있으며, 여객선 역시 이곳으로 입출항한다. 고도는 육지의 이름난 항구 못지않게 숙박업소와 민박 그리고 식당들이 빼곡히 들어서 있다. 그사이를 바삐 오가는 사람들, 명절을 앞둔 시장처럼 시끌벅적한 분위기는 오히려 홀로 떠나온 여행자의 첫 마음을 가볍게 해준다.

세 개의 섬은 '도내해'라고 하는 해역을 병풍처럼 둘러싸고 천혜의 항만을 만들어내었다. 큰 배들이 자유롭게 드나들 수 있는 자연적 조건 때문에

거문도는 일찍이 어선과 무역선들의 피항지였으며 19세기 말에는 열강들의 각축장이 되기도 했다. 백도는 거문도의 동쪽으로 28km 거리에 있는 작은 섬 군락으로 형형색색의 기암과 해안 절벽이 절경을 이루는 곳이다. 국가지정 문화재로 자연생태와 환경이 고스란히 보존되어 있어 거문도를 찾는 관광객이라면 반드시 들여야 할 필수코스로 알려져 있다. 기대했던 거문도의 11월, 관광객 숫자는 현저하게 감소했으나 하늘과 바다 빛은 훨씬 진하고 맑았다. 선착장에서 이어진 뜬부두에는 백도행 관광유람선이 비성수기 일정 없는 한때를 즐기고 있었다.

섬 가게의 애환

동도는 거문도의 최고봉인 망향산(247m)을 자랑하고 있지만, 등산로가 완비되지 않아 일반인들의 접근이 쉽지 않다. 남북으로 길게 뻗은 서도는 양끝에 거문도등대와 녹산등대를 세워놓았다. 두 등대 사이 녹산, 음달산, 불탄봉, 보로봉(전수월산), 수월산을 이어 '서도지맥'이라 하는데, 이는 거문도가 자랑하는 대표적 트레킹 코스다. 서도지맥을 종주하려면 섬 북단의 장촌부락에서 출발해 거문도등대까지 대략 7시간을 걸어야 한다. 하지만 트레커들은 삼호교를 건너 고도로 들어와 덕촌리 마을회관 옆 동백연립을 시작점으로 하여 거문도등대까지 이어지는 4~5시간의 코스를 가장 선호한

02

03

04

다. 이는 여객선의 도착에서부터 숙박시설이 많은 고도까지 돌아오는 동선과 시간을 고려하면 그렇게 된다.

덕촌마을의 골목은 크고 작은 가옥과 가옥의 사이를 따라 조밀하게 이어져 있었다. 이정표를 살피고 길을 따라나서려는데 어귀에 외관에서부터 세월의 묵은 때가 자잘한 가게가 눈에 띄었다. 그곳에는 노 할머니 한 분이 계셨다. 라면을 달라고 하자 봉지를 이리저리 살피시더니 오히려 내게 물었다.

"이거 얼마쯤 하는가?"

라면의 유통기한이 살짝 의심되기는 했지만, 나는 "1500원쯤 받으시면 될 것 같은데요."라고 대답했다. 사실은 라면 한 봉이 얼마쯤 하는지 언뜻 생각나지 않았다. 라면과 생수 한 병을 사고 적당히 돈을 치른 후 나서려는데, 문득 어느 섬 작은 가게에서 구매했던 탄산음료가 생각났다. 탄산 기운

이 전혀 느껴지지 않는 음료수의 유통기간은 무려 2년이 지난 것이었다. 물건을 들여와도 언제 팔릴지 알 수 없는 섬 가게의 애로사항을 알기에 한참을 웃고도 먹먹함이 남았던 기억이다.

가을을 걷다

덕촌마을에서 불탄봉 정상까지는 가파른 오르막이다. 섬 산 트레킹은 해발 0m에서 시작하는 것이 대부분이라 초입이 가장 어렵고 힘이 든다. 하지만 일단 봉우리에 오르고 나면 길은 섬 능선을 타고 편안하게 이어지기 마련이다. 불탄봉은 과거 일본군의 벙커가 있는 곳이다. 일제강점기에 일본군들이 쏜 포탄이 떨어져 불이 났다는 데서 유래된 이름이다. 청명한 가을날 불탄봉 전망대에 서니 동도와 고도는 물론이고, 거문대교 너머 초도와 손죽도의 모습까지 한눈에 들어왔다. 비로소 배낭을 내려놓고 땀에 흠뻑 젖은 재킷을 벗었다.

이번 여정에는 텐트를 가지고 오지 않았다. 거문도는 다도해 국립공원에 속한 섬인데다 마땅한 야영지가 없기 때문이다. 이런 경우는 실컷 걷다가 적당한 장소가 나타나면 침낭에 비박색만으로 잠자리를 마련하고, 하늘을 지붕 삼아 하룻밤을 보내는 것도 하나의 방법이다.

가을 햇살에 파닥이는 억새 군락을 지나고 걸음은 다시 동백나무 터널로 들어섰다. 이른 동백 두 송이가 떨어져 바닥을 뒹굴고 있었다. 동백이 만개하려면 몇 달을 기다려야 하겠지만 시각적 즐거움은 때아닌 계절 속에도 있었다. 촛대바위는 숲 터널이 끝나고 본격적인 섬 능선에 들어섰음을 알리는 이정표다. 능선길은 보로봉으로 이어지는 남쪽 해안의 절벽을 타고 흐르지만 안전하게 정비되어 있어 걷기에 편안하다. 결국 거문도에서 가장 넓은 하늘과 바다는 걷는 자의 차지가 되었다.

돌집을 지나 계단을 오르면 기와집 '몰랑'의 정상이다. 몰랑은 산마루를 일컫는 전라도식 방언이다. 남쪽 바다에서 바라보면 절벽 위 이곳 산마루는 마치 기와 지붕을 씌워놓은 모양이라 한다.

돌탑을 지나자 본격적으로 해안 절경이 앞다투며 펼쳐지기 시작했다. 한편으로 유림해변이 오붓하게 들어서는가 싶더니 고개를 돌리자 신선봉을 포함한 기암괴석들이 바다를 향해 그림처럼 뻗어났다. 신선이 내려와 바둑을 두고 풍류를 즐겼다는 신선바위에 올라서면, 비로소 수월산 해안 절벽과 그 끝점에 아슬아슬하게 매달린 거문도등대의 모습이 드러난다. 거문도를 상징하는 훌륭한 비경이다.

또 다른 동백 숲을 통과해 보로봉 정상을 찍고 365개의 돌계단을 내려가니 '목넘어'다. 목넘어는 파도가 높을 때면 양쪽 바닷물이 넘나들어 '무넹이'라고도 불리는데, 입구까지는 도로가 연결되고 또 주차장도 마련되어 있다. 목넘어를 건너 수월산으로 들어섰다. 해는 이미 바다를 향해 있고, 그 빛은 온화하며 부드러웠다. "어야디야 어야디야" 수월산 길 첫 쉼터에서 들었던 뱃노래를 흥얼거리다 보니 어느덧 등대가 코앞이다.

거문도등대는 남해안 최초의 등대로 1905년 첫 등을 밝혔다. 100년 동안 뱃길의 길잡이가 되었던 원형의 예전 등탑을 철거하지 않은 채 남겨두고, 2006년 높이 33m의 육각형 등탑이 신축되었다. 거문도등대는 등탑에 전망대를 설치해 멀리 백도까지 조망할 수 있도록 했고 관광객들에게 콘도식 숙소를 제공하는 프로그램도 진행 중이다.

더할 나위 없는 안식처

계획상으로는 거문도등대 부근에서 하루를 보내고 다음날 녹산등대를 찾아갈 예정이었다. 하지만 기상 정보를 검색하니 모레부터 해상 날씨가 급격히 나빠질 것이라는 예보가 잡혔다.

― 오늘 밤, 녹산등대까지 걸어야 할까?

배가 많이 고파왔다. 거문도등대에서 고도까지는 대략 3.5km, 내려가는 동안 이미 날은 어두워졌고 북적이던 고도의 거리에는 적막이 감돌았다. 저녁 식사를 위해 식당을 찾았다. 8000원짜리 백반임에도 두툼한 갈치가 서너 토막이나 올랐다.

"숙소는 구하셨소?"

"아닙니다, 녹산등대까지 가야 해서요."

"이 밤중에 녹산등대는 뭐하러 간다요? 식당 2층에 빈방 있응께 거기서 주무시쇼. 돈 걱정은 말고."

넉넉한 섬 인심에 거듭 감사하며 식당 밖을 나서고 보니, 보이지 않는 녹산등대가 아득하게 느껴졌다. 해안도로를 따라 걷는 길이어서 어렵지는 않았지만, 피로가 쌓이니 걸음이 느려지고 졸음까지 밀려들었다. 노래를 외치고 뿌연 상념을 헤쳐가며 길고 지루한 길을 얼마나 걸었을까, 드디어 녹산등대 들머리에 도착했다. 초입 정자의 강렬한 유혹을 뿌리치고 좀 더 힘을 내서 안쪽으로 들어가 보니 난간 없는 널찍한 데크가 눈에 들어왔다. 거문대교가 내려다보이고 건너편 동도의 섬 능선 위로 큼직한 달덩이를 마주하고 있는 더할 나위 없이 좋은 안식처였다.

밤을 잊은 고깃배들이 큰 바다로 나서고 구름은 달빛을 가르며 유유히 흘렀다. 사각사각한 바람이 볼살을 스칠 때마다 소주병은 조금씩 비워졌고, 경이로운 밤 풍경은 좋은 안주가 되었다. 침낭을 펼쳐놓고도 쉽사리 잠을 청하지 못한 것은 순간의 느낌을 오래도록 간직하고 싶어서였다.

자연이 내어준 선물 두 개

녹산등대 산책로는 거문초등학교 서도분교장을 시작으로 인어공원을 지나 등대까지 이어지고 다시 서쪽 해안을 따라 내려와 이금포해변에서 마감된다. 태풍으로부터 어부를 구한다는 거문도인어 신지끼의 전설을 형상화한 인어공원과 초도, 손죽도는 물론 맑은 날이면 고흥 팔영산과 장흥 천관산까지 보인다는 녹문정전망대, 주변을 황금빛으로 물들인 억새밭은 절정의 가을 아침을 내게 보여주었다.

거문도에는 자연이 전해준 두 개의 선물이 있다고 한다. 그중 하나가 아름나운 풍쌍이요, 다른 하나는 해풍쑥이다. 청정 바다에서 불어오는 해풍과 양질의 토양이 만들어낸 해풍쑥은 항균, 면역 효과가 탁월하고 진한 향에 식감 또한 부드러워 육지에서 인기가 높다. 해풍쑥은 대한민국 농식품 브랜드의 대표적 성공 사례로 꼽히고 있다. 장촌마을 뒤편 구릉은 온통 쑥밭 천지였다.

"이놈이 보물이여라우."

밭일 하던 아낙의 해맑은 웃음을 뒤로하고 서도 선착장으로 내려오니, 뭍으로 가는 주민들이 하나둘 항구 대합실을 찾아들기 시작했다.

홀로 여행이 외롭지 않은 이유는 늘 자연이란 벗이 함께하기 때문이다. 늦가을, 섬 여행을 지지해준 자연에 감사하며.

INFO

교통
여수연안여객선터미널 하루 2회

추천 액티비티
트레킹, 낚시, 스킨스쿠버
*거문도 종주 코스: 거문도 뱃노래전
수관-음달산-불탄봉-억새 군락지-
기와지붕 몰랑-신선대-보로봉-수월
산-거문도등대-삼호교-고도(6시간
30분 소요)
일반 트레킹 코스: 고도-삼호교-덕촌
리-불탄봉-억새 군락지-기와지붕 몰
랑-신선대-보로봉-수월산-거문도등
대-삼호교-고도(3시간 30분 소요)

뷰포인트
백도, 억새 군락지, 신선대, 거문도등대,
녹산등대, 인어공원, 유림해수욕장

숙박과 식당
대흥민박(061-666-8016), 거문도해
풍쑥 힐링체험장(061-644-6968)
강동횟집(061-666-0034), 삼호교횟
집(061-666-1774) 외 다수
거문도등대체험숙소(여수지방해양수
산청 홈페이지에서 신청, 061-666-
0906)

문의
여수관광문화(www.yeosu.go.kr/
tour), 거문도해풍쑥(http://www.
gmdssuk.com)

01 가히 환상적이었던 거문도 등대길의 빛 내림. 02 식당과 여관, 민박들이 밀집해 있는 거문도항. 03 걷는 내내 절경이 쉴 새 없이 이어지는 거문도 트레킹. 04 수월산과 그 끝자락에 매달린 거문도등대. 05 내로라하는 기암괴석들의 집합소, 신선봉. 06 백도가 또렷하게 조망되는 해수면 100m, 거문도등대. 07 서도의 북쪽 끝에 있는 무인 녹산등대. 08 여객선은 서도 선착장에 기항 후 거문도항으로 입항한다. 09 서도 장촌마을 담벼락에 그려진 거문도해풍쑥 홍보 벽화. 10 거문도의 행정, 편의시설 대부분은 고도에 밀집돼 있다.

가고 싶은 섬, 머물고 싶은 학교

매물도

#통영 #한려해상국립공원거제지구 #해품길 #매물도야영장
#꼬돌개 #어리섬 #섬의공공미술 #섬캠핑의메카

매물도로 가는 여객선은 통영항여객선터미널과 거제 저구항 두 곳에서 출발한다. 소요시간은 저구항이 30분으로 세 배 정도 빠르지만, 또다시 매물도로 여정을 계획해야 한다면 선택은 단연코 통영이다. 통영은 고속버스와 대중교통으로도 접근이 쉽고 무엇보다 입과 눈이 즐거운 서호시장이 여객선터미널 바로 앞에 있기 때문이다. 섬 여행은 뭐니 뭐니 해도 시락국 한 그릇은 해치우고 시작해야 제맛이 난다.

   우리는 여행을 만들어가는 주인공
   시락국에 막걸리 몇 잔을 걸치고 식당을 나서니, 아침을 맞은 서호시장의 부지런한 상인과 싱싱한 해물들이 모두 제자리를 찾아 앉았다. 구경만으로도 흥이 나고 배가 부르니 헛돈을 쓰지 않게 돼 더욱 좋다. 꾸덕꾸덕한 반건조 생선은 필수로 챙겨야 하는 식자재다. 프라이팬에 튀기거나 찜을 하면 밥반찬으로도, 술안주로도 그만이다.
   매물도로 가는 첫배는 6시 30분에 출발한다. 중형급 쾌속선의 지붕 덮인 갑판은 인기 구역이다. 난간에 기대 셀프 촬영을 하거나 평상에 앉아 술판을 벌이는 사람들 모두 남의 눈치를 보는 일은 없다. 스스로가 여행의 주인공임을 알고 있기 때문이다. 가을날, 첫 배의 매력은 선상 일출을 감상할 수 있다는 것이다. 수평선을 오색으로 물들여가던 통영 바다는 여객선이 비진

도 내항에 다가설 즈음 붉은 해를 토해냈다.

대매물도는 소매물도와 함께 한려해상국립공원 거제지구의 제일 남단에 있는 섬이다. 일반적으로 매물도라 불리는 이 섬은 이웃한 소매물도의 명성에 비해 다소 저평가된 부분이 있었다. 하지만 트레킹 코스 '해품길'과 야영장이 알려지면서 점차 통영 섬 여행의 주연급으로 부상하게 되었다.

폐교가 야영장으로

당금마을에 함께 내린 백패커들의 걸음이 빨라지기 시작했다. 야영장의 좋은 자리, 즉 바다 쪽 사이트를 선점하기 위해서다. 일행이 있는 사람 가운데 한 명은 선발대가 되어 야영장을 향해 맹렬히 돌진하기도 한다. 선착장에서 야영장까지는 채 10분이 걸리지 않는다. 마을 사잇길 바닥에 파란 화살표를 그려 쉽게 찾을 수 있도록 안내도 해놨지만, 초행길에 나선 이들이 엉뚱한 방향으로 벗어나 헤매다 돌아오는 경우도 허다하다. 매물도야영장은 과거 한산초등학교 매물도분교 폐교터에 자리하고 있다. 매물도분교는 1963년 섬 주민들에 의해 세워졌다. 척박한 환경속에서도 교육열이 있었던 주민들은 섬에서 가장 편평한 땅을 아이들을 위해 사용했다.

학교는 2005년 결국 폐교되었고, 마을 소유의 학교 터는 한동안 민박으로 이용되다가 몇 년 전부터 야영장으로 운영되고 있다. 짙푸른 남해 바다를 전면에 펼쳐둔 야영장은 일출 명소이자 몇 걸음만 옮겨 마을로 나가면 일몰까지 감상할 수 있는 탁월한 입지를 자랑한다.

매물도 해품길

아침을 먹고 출발했음에도 텐트를 치고 나면 늘 배가 고프다. 야영장을

04

가득 메운 텐트마다 이른 점심이 시작됐다. 이럴 때 분위기에 휘둘리고 시간의 끈을 놓게 되면 온종일 먹고 마시기 십상이다. 적당히 먹고 차라리 한숨 자두는 편이 컨디션을 유지하는 데 도움이 된다.

해품길은 한려해상 바다백리길 중 다섯 번째인 매물도 코스의 공식 명칭이다. 당금마을에서 시작된 길은 장군봉과 꼬돌개를 거치고, 대항마을을 지나 시작점으로 돌아온다. 총 5.2km 코스로 난이도가 적당하며 특히 들꽃들이 어우러진 갈맷빛 능선 옆으로는 광활한 하늘, 바다가 열려있어 탄성을 자아내게 한다. 장군봉 정상을 찍고 아래로 내려가면 전망대가 나타난다. 잔망스러운 소매물도와 등대섬이 헤엄치면 닿을 듯하다. 좀 더 알차게 여정을 계획하면 첫배로 들어가 소매물도를 탐방하고 다음 배를 타고 매물도로 건너와 야영과 트레킹을 즐길 수도 있다.

200년 전 사람들이 매물도에 입도해서 최초로 정착한 곳은 서쪽 해안의 꼬돌개였다. 초기 정착민들은 2년에 걸친 흉년과 전염병으로 모두가 사망했는데, 이후 사람들이 '꼬돌아졌다(꼬꾸라졌다)'는 의미로 그곳의 이름을 꼬돌개라 불렀다. 꼬돌개의 애절한 이야기는 곳곳에 남겨진 돌담과 집터에서 흔적으로 읽혀진다.

대항마을은 또 하나의 매물도 마을이다. 물론 여객선도 이곳에 기항한다. 당금마을에 비해 민박이 많아 낚시꾼들이 주로 묵어간다. 해품길의 능선 코스가 탁 트인 개방감으로 표현된다면 꼬돌개에서 대항마을까지의 오솔길에서는 오붓함이 느껴진다. 이렇듯 고향 같은 섬 길에서는 편안한 걸음 뒤로 그리움의 발자국이 놓인다. 섬의 정서는 애틋함이다. 나무하러 가던 길, 밭으로 가던 길, 마실 가던 길, 학교 가던 길. 섬에 길이 놓인 데는 다 이유가 있었다.

예술 섬의 스토리텔링

당금마을 앞의 무인도 어유도는 '어리섬'이라고도 부른다. 이곳은 유명한 낚시 포인트로, 고기 떼가 몰려들어 바닷물이 말라버렸다는 이야기가 전해올 정도다. 이 때문에 야영자 중 일부는 낚싯대를 가지고 와서 아예 식량을 자급자족하기도 한다. 식당이 별도로 없는 매물도에서는 선착장의 슈퍼가 큰 역할을 한다. 간단한 식재료는 물론 생선회를 부탁해 사 먹을 수도 있다.

매물도의 선착장, 야영장, 장군봉을 비롯해 마을 골목과 고갯길 등에는 크고 작은 조형물들이 설치되어 있다. 2007년 (구)문화관광부의 '가고 싶은 섬'에 선정되어 벌어졌던 공공예술 작업의 결과물이다. 작품들은 섬 고유의 자원을 이용해 주민들의 문화와 삶을 표현한 것이다. 당금마을 〈제주 해녀를 데려온 할머니〉는 실제 제주 해녀가 들어와 해산물 채취를 도왔고 그것이 매물도 해녀가 생겨난 유래가 되었다는 이야기를 전하고 있다. 물론 스토리텔링의 주인공은 당시 제주에서 해녀들을 데려왔던 노계춘 할머니다.

예술 섬 프로젝트의 하나로 당금마을 물양장에 설치된 〈바다를 품은 여인〉은 조영철 작가의 작품으로 구상 단계부터 섬에 대한 이해도와 주민들의 지지를 담보하여 작업되었다. 무심코 지나쳤던 야영장 한 편의 데크도 실은 학교에 대한 추억을 바탕으로, 그 정문을 상징적인 형태로 복원한 우의정 건축가의 〈추억이 쌓이는 고원〉이라는 작품이다. 작품의 취지가 소풍이나 캠핑에 활용되도록 한 것이니 눈으로만 감상하는 형태의 작품은 아닌 셈이다.

진정한 공정여행

당금마을 선착장으로 배가 들어오고 한 무리의 등산객들이 내렸다. 물양장에 둘러앉아 배낭에 담아온 술과 음식을 꺼내어 먹고 마시기 시작했다. 그리고 그들이 해품길을 걷기 위해 떠난 자리 구석에는 술병과 종이컵 그리고 국물이 반쯤 담긴 컵라면 용기들이 널브러져 있었다. 아무데서 용변을 보거나 이미 진하게 취해서 몸을 가눌 수 없게 된 사람도 있었다.

언젠가 야영장의 시설 고장으로 음식물 쓰레기를 양동이에 버려야 했던 적이 있었다. 야영객 각자가 버릴 음식물을 최소화하고 질서만 지켰더라면 어려움 없이 해결할 수 있는 문제였다. 그런데 양동이는 비워질 틈도 없이 넘쳐났고, 그로 인해 하수구가 막히고 주변은 악취가 진동했다. 누군가가 말했다. 야영비를 줬으니 제대로 처리 못 한 관리자의 잘못이라고.

가끔은 타인들의 행동을 통해 자신을 돌아보게 될 때가 있다. 순간의 이기심이나 해이함으로 다른 사람들과 미래에 누를 끼친 적은 없었는지, 규칙과 공정을 위한 약속을 깬 일은 없었는지. 나의 사소한 무신경이 모든 이를 불편하게 만드는 원인이 될 수 있다는 것을 다시 한 번 마음에 새겨본다.

트레킹을 마치고 돌아와 보니, 더욱 많은 텐트가 들어서 야영장을 빈틈없이 채웠다. 학생들이 떠나간 후 비워지는 아픔과 외로움을 겪었던 폐교는 주말이면 운동회라도 다시 벌어지는 기분이 들지 않을까? 알록달록 텐트마다 맛있는 냄새가 풍겨오고 운동장에는 왁자지껄 웃음소리가 가득하니 말이다. 해가 져도 집으로 돌아가는 학생은 아무도 없다. 랜턴 빛으로 텐트마다 색을 밝히고 파랗게 변해가는 하늘과 어우러진 모습을 옛 학교는 그저 흐뭇하게 바라볼 뿐이다.

INFO

교통
통영항여객선터미널 하루 3회, 거제 저
구항 하루 4회

뷰포인트
꼬돌개, 장군봉, 어유도, 당금마을선착
장, 캠핑장, 몽돌해변

문의
매물도(www.tongyeong.go.kr/
maemuldo.web)

추천 액티비티
트레킹: 당금선착장-발전소-야영장-
장군봉-대항둘레길-대항마을-당금선
착장-대항선착장-꼬돌개-대항둘레
길-장군봉-쉼터-당금마을길-대항선
착장(5.2km, 3시간 40분 소요)

숙박과 식당
해누리펜션(010-7542-2603), 섬예술
가의집(010-2063-9350), 바다마당을
가진집(055-641-2088) 외 다수

06

07

01 해풍길 능선에서 바라보면 무인도인 어유도마저 매물도에 연결된 듯 보인다. 02 선착장과 어유도 사이의 바다는 예부터 유명한 낚시 포인트다. 03 여객선은 통영항과 거제 저구항에서 출발한다. 04 매물도는 제주 우도의 비양도 그리고 굴업도와 더불어 섬 캠핑 3대 메카로 불린다. 05 당금마을 선착장에 설치된 '바다를 품은 여인' 조형물은 이제 매물도의 얼굴이 되었다. 06 매물도에 곳곳에 설치된 작은 조형물들은 정크 아트 작품이 대부분이다. 07 매물도 야영장에서 나무 계단을 따라 내려가면 곧바로 해변으로 이어진다. 08 대항마을에서 당금마을로 이어지는 탐방로는 멋진 노을을 볼 수 있는 최적의 장소다.

08

바람 한 점 앞세우고 걷고 싶은 섬

수치도

#원수치마을 #가어지마을 #노두교 #상수치도 #하수치도 #시금치
#대하 #맘씨좋은선장님

10월 중순이 넘어서면 목포항의 해오름은 비금, 도초도로 가는 첫 배 시각
에 맞춰 시작된다. 발갛게 물들어가는 청정한 동쪽 하늘, 이렇듯 환상적인
시야를 가질 수 있는 날이 그간 얼마나 되었을까? 여객선을 타고 나서도 한
동안 객실로 들어가지 않았다. 황사, 미세먼지, 운무를 떨쳐버린 진정한 가
을 아침을 한껏 느껴보기 위해서다.

　때로는 돌아가도 좋은 여정
　목적지 수치도로 가기 위해서는 목포 북항에서 여객선을 이용하면 간단
하다. 혹은 목포연안여객선터미널에서 출발, 비금도 가산선착장에 도착 후
수치도를 오가는 도선을 이용하는 방법도 있다. 섬으로 가는 길도 여정이라
한다면 때로는 효율적이지 못한 선택이 즐거움을 주기도 한다. 가산선착장
에 도착 후 미리 약속했던 수치도 도선 선장님에게 전화를 걸었다.
　"여기 가산선착장인데요, 데리러 와주세요."
　"아, 미안해서 워쩐디야, 목포 나왔다가 들어가는 중인디. 그냥 기다렸다
가 북항서 들어가는 배를 타더라고,"
　선장님은 나와의 약속을 까맣게 잊고 있었다. 수치도로 가는 길은 훨씬
느리고 번거롭게 되었지만 그를 원망하는 사람은 아무도 없었다. 비금도에
서는 약 2.5km, 한참을 기다린 후에야 북항발 비금농협호로 옮겨타고 수치

도로 들어갈 수 있었다.

일행이 야영지로 생각해두었던 곳은 수치도와는 노두교로 이어진 상수 치도다. 상수치도는 밀물이 되면 노두교가 물에 잠겨 왕래가 불가능하기 때문에 도선의 도움을 받을 예정이었다.

도선을 기다리는 동안 수치도의 이곳저곳을 살펴보기로 했다. 수치도에는 원수치마을과 가어지마을로 불리는 마을 두 곳이 있다. 수치도란 이름은 꿩이 졸고 있는 모습에서 연유되었다. 그래서 원래 하나밖에 없었던 마을도 수치라 부르다가 가어지마을이 분리되면서 원수치라 했다. 가어지는 변두리란 뜻이다. 들판에는 벼들이 누렇게 익어가고 있었다. 추수가 끝나면 그 자리에는 다시 시금치를 심는다고 하니 비금도와 가까운 수치도 역시 겨울 섬초의 주요 생산지인 셈이다. 그리고 섬 곳곳에서는 염전을 비롯해 대하 양식장이 눈에 띄었다.

마을을 돌아보는 동안 도선이 선착장으로 들어왔다. 그런데 선장님은 상수치도에는 배를 대기 어려우니 일단 섬부터 한 바퀴 돌아봐주겠노라 한다. 일정이 꼬여가는 느낌이 들었지만 일단 맡기고 의지하기로 했다. 도선에는 우리 일행 외에도 무인등대의 페인트 보수 작업을 위해 들어온 작업자들이 함께 올랐고, 그들은 아슬아슬한 갯바위 끝에서 페인트통, 사다리 등과 함께 내렸다.

선장님은 미안한 마음이 있었는지 무척이나 호의적이었다. 일행들은 마치 요트라도 탄 것처럼 뱃놀이를 즐겼고 조타실에도 들어가 보았다. 도선이 자글거리는 물살을 가를 때마다 얼굴에 부딪치는 바람 또한 이루 말할 수 없이 싱그러웠다. 파란 하늘과 바다, 그리고 청명한 계절이 만들어내는 각별한 즐거움에 빠져 있을 무렵, 도선은 다시 수치도 선착장으로 돌아왔다.

02

비어가는 섬

"저기 저 트럭에 올라 타드라고, 상수치도에 데려다 줄거고마."

노두교를 건너 상수치도로 들어갔다. 수치도의 주민수는 100명을 넘지만 상수치도에 거주하는 주민은 거의 없다. 물이 들어와서 노두교가 잠기면 무인도가 되어 버릴지도 모르는 상수치도, 드문드문 보이는 가옥들은 모두 사람이 살지 않는 폐가다. 배를 댈 선착장 하나 없고 밀물때마다 고립되는 열악한 환경을 가지고 있지만, 오히려 넓은 들녘에는 곡식들이 가득하다. 바람

03

한 가닥 앞세우고 도란도란 걷기에 더할 나위 없는 섬이다.

남도 섬의 가을엔 화려한 색의 향연은 없다. 시름시름 기운을 잃고 그 숲을 떨구면 그러려니 하고 찾아드는 계절. 잠시 머물다 가는 절경에 애태우지 않아도 되니 그 또한 위안이다.

안좌도와 비금도 그리고 도초도가 이루는 삼각 바다 안에는 상·하수치도, 상·하사치도 그리고 노대도가 있다. 그런데 이미 노대도가 무인도가 되었으며 상수치도와 상사치도 역시 그 길을 가고 있다. 섬에 관한 관심이 높아지고 투자 또한 활성화되는 즈음에 또 다른 섬들이 소외되어 비어져 가는 것은 안타까운 일이다. 어쩌면 그런 섬에서 하룻밤을 보냈던 경험이 그 때문에 더욱 소중하게 기억되는지도 모르겠다.

대하와 선장님

물 때와 도선 운항시간을 맞추기가 어려울 것 같다는 선장님의 의견에 따라 결국 상수치도를 나와 하수치도 동쪽 해안의 제방 위에 설영을 했다. 선장님은 대하양식장을 운영한다고 했다.

"대하 좀 파세요."

"먹고 싶어? 얼마치 사려고?"

"한 오만 원⋯."

"일행 숫자가 몇 명인디 오만 원 가지고, 누구 코에 붙이려고, 아무튼 따라와 보더라고."

얼마 후 선장님을 따라갔던 일행들 손에는 커다란 스티로폼 박스 두 개가 들려 있었다.

"하나는 살아있는 횟감이고요. 하나는 방금 죽은 것들인데 구워 먹으래요."

대하는 최상급, 크기도 만만치 않았다. 이곳에서 생산된 대하는 충남 남당항으로 가서 팔린다고 한다. 결국 남당항 대하축제에 쓰이는 일부는 남쪽 섬에서 양식한 것들이라는 사실. 선장님께서 주신 대하의 양은 실로 어마어마해서 한참을 회로 먹고, 구워 먹어도 좀처럼 양이 줄지 않았다.

참으로 신선한 아침, 섬을 둘러싼 공기는 습기를 느낄 수 없을만큼 청량했다. 바닷가에 텐트를 치고도 온종일 뽀송뽀송한 기운을 유지할 수 있는 가을이야말로 섬 여행의 최적기다. 안좌도 너머 여단의 고운 빛이 하늘을 물들였을 때 "아, 좋다"를 몇 번이나 되뇌었을까.

섬에는 도둑이 없다. 그래서 섬 주민들의 인심은 넉넉하고 인사 한 번에도 금세 막역한 사이가 되곤 한다. 마을 안 조그마한 슈퍼의 브레이크 고장난 오토바이도 줄곧 우리 차지였다. 부뚜막 위의 솥이며 냄비도 대여 장비가 되었음은 물론이다.

선장님은 우리가 배낭을 메고 걷는 것을 고생이라 생각했다. 섬을 찾아온 손님들에 대한 배려는 그저 편안하게 해주는 것, 그래서 일찌감치 트럭을 대고 텐트 철수가 끝나기만을 기다려줬다.

"걸어가도 금방인데요."

"아침부터 힘들면 쓰당가?"

가을이 좀 더 길었으면 좋겠다는 생각을 했다. 멈추거나 느리게 흘렀으면 하는 것들을 위해, 그리고 끝까지 배려해주신 선장님께을 위해.

INFO

교통
목포 북항 하루 3회, 암태 남강항 하루 6회

추천 액티비티
트레킹, 낚시, 캠핑

뷰포인트
노두교, 상수치들녘, 원수치마을

숙박과 식당
없음

문의
비금면문화관광(061-240-3728), 수치도치안센터(061-270-0183)

01 도선에서 바라본 비금도 앞바다에 오후 햇살이 비처럼 쏟아졌다. 02 목포항의 붉은 새벽을 깨우고 바다로 나선 첫 여객선. 03 도선을 맡아 운항한다는 것은 섬 주민들에 대한 희생이다. 04 노랗게 익어가는 섬 들녘. 그 너머 대하 양식장이 보인다. 05 안좌도 너머에서 찾아든 수치도의 가을 아침. 06 싱싱하고 큼직한 수치도 양식 대하.

으뜸 등대를 가진 천혜의 피항지

어청도

#천혜의피항지 #해군기지 #팔각정고개 #어청도등대 #구불길
#전망데크 # 봉수대 #치동묘 #사랑나무 #농배

군산연안여객터미널, 주차를 하고 트렁크에 널려 있던 장비 중 필요한 것
(침낭, 매트리스, 버너, 코펠, 랜턴 등)을 골라 패킹하기 시작했다. 렌즈와 삼각
대를 포기할 수 없어 경량체어와 미니 테이블을 빼고 다닌지는 꽤 되었다.
그나마 무게를 줄이기 위한 고육지책이었다. 텐트도 두고 가기로 했다. 야영
지에 대한 마땅한 정보가 없을 때는 비박색과 침낭만을 덮고 하룻밤을 보내
는 것이 오히려 편했다. 세상에 노숙을 못할 곳은 아무 데도 없다.

집을 나선 지 보름이 지났다. 백령도를 시작으로 20개 섬 여행, 마지막 울
릉도까지 가려면 아직 멀었다. 그리고 보니 어청도는 다섯 번째 섬이다.

대한민국 1급 대피항

어청도는 군산항에서 서쪽으로 72km 떨어진 섬이다. 여객선은 꼬박 세
시간을 달리고 나서야 어청도항에 멈춰섰다. 승객 대부분은 군인, 낚시꾼이
었고, 공사 작업차 입도한 사람들도 쉽게 눈에 띄었다. 선착장은 그들을 마
중 나온 사람과 차량 그리고 육지로 나가려는 사람들로 몹시 북적거렸다.
선착장 바로 앞에 매표소를 겸한 슈퍼가 있다. 처음 섬을 찾아온 사람들에
게 이곳은 여행자센터와 같은 곳이다. 민박과 식당 소개는 물론 낚시 포인
트는 어디인지 그리고 어청도의 명물 등대로 가는 코스 등 모든 안내는 친
절한 주인 부부의 몫이었다.

01

02

선착장 뒷산 중턱에는 꽤 넓은 데크 전망대가 있다. 이곳에 서서 바라보면 이 섬을 천혜의 피항지라 일컫는 이유가 선명해진다. 어청도는 커다란 말굽이 남쪽으로 열린 모습을 하고 있다. 석산에서 시작되어 당산, 공치산, 안산, 검산봉을 거쳐 독우산에서 마무리되는 산줄기는 서, 북, 동풍을 차단하는 바람막이의 역할을 한다. 게다가 열려 있는 남쪽 출입구도 자연석으로 만든 두 개의 방파제가 단단히 막고 있다.

국가 1급 대피항이며 서해 어업전진기지 어청도에는 해군기지가 있어 많은 배가 들고 난다. 과거 풍랑이 거칠어지기라도 하는 날이면 항구를 빼곡히 메운 배들로 섬은 불야성을 이루고 다방과 술집 그리고 식당이 뱃사람으로 넘쳐 날 지경이었다고 한다. 물론 우리나라의 거의 모든 섬에는 영화롭던 시절의 이야기가 무용담처럼 전해진다.

맑고 푸른 섬

밤을 보내기에는 전망 데크가 적격이라 생각했다. 바닥이 넓고 편평한 데다 마을과 선착장에서 가까워 식당이나 슈퍼를 이용하는 데도 편리할 것 같았다. 깊어가는 가을, 해가 부쩍 짧아졌음을 알고 있기에 서둘러 등대를 찾아가기로 했다. 배낭을 벤치에 남겨둔 채 카메라와 삼각대만을 챙겨 들었다. 전망 데크는 등대로 가는 탐방로의 시작점이다. 우측으로 난 좁은 길을 따라가면 헬기장을 만나고, 얼마지 않아 곧장 능선으로 들어선다. 어청도 탐방길은 어렵고 힘든 코스가 없다. 능선은 높아 봐야 해발 200m 안팎, 일단 올라서면 큰 굴곡 없이 편안하게 이어진다. 거칠게 몰아치던 바람이 잦아든

후, 늦가을 햇살에선 온기마저 느껴졌다. 전형적인 가을 길. 홀로 걷는 즐거움에 콧노래도 절로 났다.

능선의 바깥으로는 망망대해, 300km 너머는 중국 땅이다. 어청도와 인근 섬 외연도에는 중국 춘추시대 제나라의 재상 전횡을 신으로 모신 사당이 있다. 전횡은 그의 주군 항우가 전쟁에 패해 자결하자 부하 500명을 이끌고 망망대해를 전전하게 된다. 그러다 우연히 안개를 뚫고 솟은 푸른섬에 닿게 되자 어청도란 이름을 지어 머물렀다고 전해진다. 이동통신사 중계탑을 돌아나가자 봉수대가 나타났다. 원래 당산 가장 높은 봉우리에 있었던 봉수대는 왜구들의 침입을 막고 인근을 지나는 배들의 길잡이가 돼 주기 위해 설치된 것이었는데, 편평한 능선 자락에 원형을 복원해 놓았다.

당산쉼터에는 작은 벤치가 마련되어 있었다. 보온병에 따뜻한 커피라도

담아왔더라면 하는 후회가 들었다. 해군 레이더기지를 지나고 나면 이제부
터는 하산 길이다. 그렇게 터벅거리며 10여 분, 팔각정고개에 닿았다. 등대
로 가는 길은 여러 갈래지만 결국은 팔각정고개에서 만난다. 지금껏 걸어왔
던 서쪽 서방산(당산)과 섬의 북쪽 공치산 능선 길 그리고 선착장에서 마을
을 통과해 곧바로 올라오는 도로 역시 이곳에서 합쳐진다. 길뿐만이 아니다.
팔각정 고개는 또한 어청도 바람의 집결지다. 모여든 바람이 미친듯 휘몰아
치기 시작했다. 잠시 세워놓았던 삼각대가 쓰러지고, 양 볼까지 얼얼해왔다.
이곳에서 등대까지는 약 700m의 내리막이다.

절묘한 아름다움, 어청도 등대

드디어 어청도 등대, 공식 명칭은 어청도항로표지관리소다. 1912년 대륙
침략을 꿈꾸던 일제에 의해 세워졌다. 일반적인 등대들이 직원 숙소나 관리
소와 같은 부지에 세워진 것과 달리, 어청도 등대는 별도의 공간에 우뚝 서
있다. 빨간 지붕과 아치형 미닫이 문을 가진 등대는 이국적인 자태만으로도
매우 아름답지만, 절벽 끝으로 이어진 낮은 돌담길과 등대만을 위해 조성된
반원 터와의 어울림은 비할 데 없이 절묘하다. 이는 우리나라 등대 15경 중
에서도 어청도 등대를 으뜸으로 치고 싶은 까닭이다. 사진작가들이 이곳을
명품 출사지로 꼽는 이유도 그것이다. 앵글에는 오직 하늘과 바다만을 그
배경으로 하는 등대의 모습만이 오롯하게 담긴다. 등대 옆으로 난 절벽 길
을 따라 내려가면 '구유정'이란 이름을 가진 정자가 있다. 뜻처럼 갈매기가
노니는 어청도 바다는 우리나라 서해의 영해기선 기점 중 한 곳이다.

제법 많은 사람이 등대를 찾아왔지만 잠시 머물다 되돌아갔다. 등댓불
이 켜지기까지 시간은 더디 흘렀고 계속되는 바람에 몸에선 한기가 느껴졌

다. 해가 바다 너머로 모습을 감추고 얼마 되지 않아 등댓불이 점등되었다. 얄찍했던 광선은 어둠이 짙어 갈수록 선명해져 가는데 돌아갈 시간도 잊은 채, 홀로 그 광경을 마냥 바라보고 있었다.

　밤하늘을 덮고
　내려온 길은 결국 다시 올라가야 한다. 팔각정고개에서 마을을 통과하면 선착장까지는 금세였다. 우려했던 것과는 달리 몇몇 식당들이 불을 켜고 영업 중이었다. 그중 한곳을 골라 들어가서 백반과 소주 한 병을 주문했다. 몇몇 테이블에는 술병이 꽤 많이 쌓여 있었고 웃음소리도 다소 컸지만 크게 부담되거나 거슬리지는 않았다. 어쩌면 섬에서는 식당만이 저녁 시간을 외롭지 않게 보낼 수 있는 유일한 공간인지도 모른다. 기대했던 대로 섬 백반은 풍성했다. 양푼에 담긴 김치찌개와 큼지막한 생선 한 마리가 토막 없이 통째로 조려져 접시에 올라왔다. 밥 한 공기와 소주 한 병을 비우기에는 충분한 반찬이며 안주였다.
　전망 데크로 돌아와 배낭에서 침낭과 비박색을 꺼내 잠자리를 만들었다. 침낭 속은 따뜻했고 빼곡히 내민 얼굴 위로는 밤하늘이 펼쳐졌다. 가을이 내게 주는 선물 같았다.

어청도 구불길

어청도의 아침 해는 선착장 건너편 검산봉 능선 위로 솟았다. 어청도 마을을 찬찬히 살펴보면 일본인 촌이 형성되었던 일제강점기의 자취와 고래잡이 등으로 번성했던 1960~80년대 중반까지의 흔적들을 찾을 수 있다. 일본식 가옥 그리고 상점 간판과 유리창에 붙은 스티커 자국은 파란만장했던 어청도의 역사를 이야기해 주는 듯했다. 마을 앞에서 시작된 해안 산책길은 '농배'라고 부르는 바위섬까지 1km가량 이어진다. 그 끝에서 나무계단을 따라 올라가면 '샘넘쉼터'에 이르게 되는데 그곳에서 탐방길은 안산과 검산봉으로 갈린다. 어청도는 탐방로를 4개의 구간으로 나눠 '어청도 구불길'이라 이름을 붙였다. 특히 팔각정에서 돗대봉까지 이어지는 3코스 안산넘길의 능선에서는 외연도의 모습이 또렷하게 조망되었다. 20개 섬 여행 계획에서 세 번째 섬이었던 외연도가 지척이니 뭔가 모를 애틋함이 가슴을 적셔왔다.

어느 곳을 걸어도 펼쳐지는 풍광에 감격했던 섬 어청도, 푸른 바다 건너서의 기억은 그래서 더욱 선명하게 다가왔는지도 모른다.

INFO

교통
군산연안여객선터미널 하루 2회

추천 액티비티
트레킹, 낚시
*어청도 구불길
1코스: 선착장-마을-치동묘-사랑나무
팔각정-등대
2코스: 서방파제- 선착장-마을-해안
팔각정 쉼터-해안산책길

3코스: 팔각정-공치산-목넘쉼터-안
산-샘넘쉼터-검산봉-돗대봉
4코스: 치동묘-사랑나무-팔각정-봉수
대-당산-헬기-선착장

숙박과 식당
양지민박(063-466-0607) 항구식당
(063-464-0801) 외 다수

문의
군산시문화관광(www.gunsan.go.kr/
tour), 어청도김성래이장(010-4633-
7009))

01 등록문화재이자 대한민국 근대문화유산 어청도등대. 02 어청도항 해안 산책로 끝에 솟아있는 기묘한 바위 농배. 03 여객 선이 입항한 어청도 선착장은 늘 군인과 낚시꾼들로 붐빈다. 04 고깃배 몇 척이 새벽 바다를 가른 후, 검산봉 너머 하루해가 올 랐다. 05 영해기선기점이란 국가의 통치권이 미치는 영해가 시작되는 지점이다. 06 등대의 아름다움은 점등되고 그 빛의 경계 가 선명해지는 순간에도 존재한다.

공룡이 노닐던 칠천만 년 전의 섬

사도

#공룡의섬 #공룡발자국 #중생대 #양면해변 #군벗 #추도 #얼굴바위
#거북바위 #용미암

여수엑스포역에서 택시를 타고 연안여객선터미널에 도착했을 때, 대합실의
불은 환하게 켜져 있었다. 개표를 기다리는 사람들은 의자에 누워 쉬거나
화장실을 들락거리며 이도 닦고 세면도 한다. 따지고 보면 새벽 기차에 몸
을 실어 앉은 채로 여수까지, 또 배를 타고 섬으로 건너가는 여정이 그리 녹
록한 것만은 아니다.

  공룡의 섬 사도
  푸르스름한 아침 바다에 너울거리는 아파트 불빛과 돌산 너머 여단의 기
운이 하늘 아랫자락을 감싸듯 일으키는 신선한 가을날. 남도의 아침 해는
동녘 섬 허리를 힘주어 누르며 포효하듯 몸을 일으킨다. 여수에는 모두 365
개의 섬이 있다. 그중 사람들이 저마다의 모습으로 터전을 이뤄 살아가는
섬은 49개.
  6시 여수항을 떠난 여객선은 조발도, 둔병도를 지나 낭도에 멈추어 서고
8시가 넘어서 사도에 도착했다. 섬에 들어서자 실물 크기의 티라노사우루
스 조형물이 여행자들을 반겼다.
  바다에서 바라보면 사도는 해수면에 납작 엎드린 형태를 하고 있다. 본섬
과 중도는 다리로 연결되어 있으며 사도는 본섬을 중심으로 중도, 증도, 장
사도, 추도 그리고 바위 섬 두 개를 포함하여 총 7개 섬으로 구성되어 있다.

매년 정월대보름과 음력으로 2월 영등사리 때는 바닷길이 크게 열려 추도를 포함한 7개 섬이 ㄷ자 모양으로 연결되는 장관이 펼쳐진다. 사도와 간넷섬이라 불리는 중도는 다리로 연결되어 있고, 주변으로는 끝이 뾰족한 공룡발자국들이 해안 퇴적층 위로 선명하게 놓여 있다.

중도와 증도는 양면해수욕장의 모래톱으로 상시 이어져 있으며, 물이 빠지면 추도를 제외한 나머지 섬들도 걸어서 들어갈 수 있다. 양면해변은 양쪽으로 바다를 거느린 채 중도와 증도(시루섬)를 잇는 기다란 모래 해변을 일컫는다. 양면해변을 지나 증도로 건너가면 거북선 제작의 모티브가 되었다는 거북바위와 사람 옆 모습 형상의 얼굴바위 그리고 용암이 바다로 흘러내리다 굳으면서 만들어진 길이 30m의 용미암을 만날 수 있다. 용미암은 그 암맥이 제주도 용두암까지 이어진다고 한다. 사도의 지형은 7000만 년 전 중생대 백악기 화성암인 중성화산암류와 퇴적암이 대부분을 차지하고 있어 학술 가치가 매우 뛰어나다.

추도는 사도에서 불과 750m 거리에 위치하고 있다. 몇 년 전만 해도 할머니 두 분이 살고 계셨지만, 최근 한 분으로 줄어들었다. 하지만 추도를 방문했을 때마다 할머님들을 뵌 적은 없다. 이제는 비워져 가는 섬이라고 봐도 무방할 추도에는 세계 최대 길이를 자랑하는 84m의 공룡 보행렬을 포함하여 오히려 사도보다 두 배 이상 많은 1700여 점의 공룡 발자국 화석이 분포돼 있다. 그리고 100년 이상이 되었다는 옛 돌담과 시루떡처럼 층층이 쌓인 해안 퇴적층과 같이 의미있는 볼거리도 많이 가지고 있다. 워낙에 작은 섬이라 정기적으로 다니는 도선은 없지만, 대신 사도나 인근 섬 낭도에서 운영하는 추도행 낚싯배를 타고 입도가 가능하다.

머물다 가는 섬

사도는 한때 고기잡이로 번성했던 섬이다. 1950년대에는 주민 수만 500명이 넘고 초등학생만도 100명 가까이 되었다. 하지만 사라호 태풍 때 어선

대부분을 잃고, 학교 시설도 파괴되었다. 사도라는 이름을 갖게 했던 질 좋은 모래도 이때 대부분 유실되었다. 이후 사람들이 하나둘 섬을 떠나고 결국 현재는 20여 가구에 40여 명 주민만이 섬을 지키며 민박과 밭농사, 수산물 채취 등을 주업으로 살아간다.

사도에는 산이 없다. 마을이 끝나는 부근에 작은 구릉이 하나 있을 뿐이다. 사도 본섬은 둘레가 2km에 지나지 않는다. 하지만 이어진 부속 섬들을 포함하면 6km로 늘어난다. 본섬과 부속 섬들까지 찬찬히 살펴보려면 하루가 부족하다. 마을에 민박집이 15곳이나 있는 까닭도 그 때문이다.

양면해변에서의 하룻밤

양면해변에 텐트를 칠 때는 물이 들어왔던 자국을 잘 살펴야 한다. 밀물이 되면 사빈의 가운데 부분부터 잠기기 시작하는데 삭, 망으로 다가갈 수록 해수면이 높아져서 예기치 않은 낭패를 볼 수 있기 때문이다. 그럼에도 불구하고 양면해변은 시시각각으로 변하는 탁월한 바다 전망에 고즈넉함까지 더해 최상의 캠핑 사이트를 제공한다. 오후가 되어 해변 양쪽으로 물이 완전히 빠지자 작은 바닷가 갯돌들이 파래 옷을 뒤집어쓴 채 고개를 내밀었다. 그러자 섬 주민들이 광주리를 옆에 긴 채 하나둘 해변으로 들어서기 시

04

05

작했다. 그 광경을 무심히 바라보다 주민들 곁으로 다가갔다.

"뭐 잡으시는 거예요?"

"골뱅이도 잡고, 보말도 잡고."

아주머니 한 분이 갯돌 사이 모래를 파헤치고 무언가를 잡아냈다. 자세히 보니 개불이다. 신기해하는 모습이 오히려 재미있었는지 아주머니는 그것을 내밀며 가져다 먹으라 했다. 사도에서는 거북손, 군벗, 배말, 따개비 등 섬에서 나는 해산물과 주민들이 직접 재배한 밭작물을 재료로 하는 신선한 섬 밥상을 맛볼 수 있다. 단, 민박집에서 식사하기 위해서는 최소 반나절 전에는 예약해야 한다.

마을 산책을 마치고 양면해변으로 돌아가는데, 바닷가에서 뭔가를 씻고 있는 아주머니를 보았다. 다가가 자세히 들여다보니 군벗이었다. 문득 돌아가신 외할머니가 생각났다. 오래전 해녀 일을 하셨던 할머니는 군벗으로 젓갈을 만들어 보내주시곤 했다. 군벗은 채취도 어렵지만 한번 삶고 난 후 껍질을 벗기는 작업이 보통 어려운 것이 아니다. 아주머니의 수고를 돈 몇 푼으로 산 것 같아 죄송한 마음이 있었지만, 군벗을 먹게 된 것은 뜻밖의 행운이었다. 군벗과 함께 얻어온 보말로 죽을 끓였다.

얼마든지 멈춰 있을 것 같았던 시간이 별안간 쏜살같이 달리기 시작했다. 땅거미가 섬을, 바닷물이 양면해변을 덮어가면서 바람도 한층 거칠어졌다. 섬은 밤을 향해 흐르고 세상의 색은 시시각각으로 변해갔다. 잠결 속으로 텐트를 두드리는 빗소리가 들려왔다. 마치 꿈을 꾸듯….

자연 그대의 섬

몇 년 전 처음 사도를 찾았을 때만 해도 백조호라는 낡은 배를 타야 했다. 백조호는 별도의 칸막이 없는 조타실이 객실과 곧바로 연결되어 있었고, 섬 주민들은 육지를 오갈 때마다 구명함에 넣어두었던 각자의 침구류를 꺼내 사용하곤 했다. 그런 모습들이 더욱 정감 있게 다가왔음은 물론 자연스레 선원이나 주민들과도 스스럼없이 이야기를 나눌 수 있어 좋았다. 지금은 뱃일을 그만두고 뭍으로 돌아간 당시 선장님이 내게 물었다.

"섬에 다리가 놓이면 세 가지가 달라지는데 그것이 뭔 줄 아십니까?"

"글쎄요."

"첫째 도둑이 나타나고, 둘째 쓰레기가 생겨나며, 셋째 인심을 잃게 됩니다. 처음에는 땅값도 오르고 명절 때 자식들 오가기도 편해서 주민들이 모두 쌍수를 들고 환영을 했지만, 지금은 후회하는 어르신들도 많습니다. 섬 주민들 스스로가 달라진 환경에 적응하기를 어려워하세요."

그는 계속 말을 이었다.

"사도가 모래가 많아 사도라 불렀습니다. 그런데 이젠 예전 같지 않아요. 그 이유는 방파제가 만들어진 후, 조류 방향이 바뀌어서 그렇습니다. 파도가 바다를 향해 모래를 쓸고 내려가는 형국이 되었어요. 그래서 자연은 자연 그대로 내버려 둬야 한다는 것이 제 소신입니다."

2020년 초, 고흥과 여수의 섬들을 잇는 다리들이 연속 개통되면서 이웃 섬 낭도까지도 차를 타고 들어올 수 있게 되었다.

INFO

교통
여수연안여객선터미널 하루 2회, 백야
도항 하루 5회

뷰포인트
양면해변, 추도, 얼굴바위, 거북바위, 용
미암

문의
여수관광문화(www.yeosu.go.kr/tour)
추도관광(010-9622-0019)

추천 액티비티
트레킹, 낚시, 캠핑

숙박과 식당
안나네민박(061-666-9196) 외 다수

01 선착장에서 탐방객을 반기는 티라노사우루스 조형물. 02 섬 주민들의 부식 창고와 같은 물 빠진 양면해변. 03 양면해변에 홀로 남겨진 텐트 한 동. 04 선명한 공룡 발자국 화석은 사도의 흔한 볼거리다. 05 여수항을 출발 하루 2회 사도를 오가는 태평 양 1호. 06 국가지정문화재 보호구역으로 지정된 추도. 07 여명이 비치는 사도 선착장.

우이도

#돈목해변 #풍성사구 #성촌해변 #띠밭너머해변 #모래서말 #섬총사
#진리마을 #우이선창

여객선이 비금, 도초도를 넘어서자 섬찟함이 느껴졌다. 물빛마저 검게 변해 버린 일명 흑산바다, 파도의 세기가 묵직해지면서 배의 흔들림이 더욱 커졌다. 목포항을 떠난 섬사랑6호가 우이2구 돈목마을에 도착하기까지는 무려 4시간이 걸렸다.

염소야, 미안해

이미 중턱을 건너간 오후, 남아있는 하루가 길지 않아 열일을 제쳐놓고 텐트 칠 곳을 먼저 찾아야 했다. 국립공원에 속해 있는 우이도에선 원칙적으로 야영과 취사가 금지되어 있다. 특히 돈목해변은 천연기념물 풍성사구가 있는 지역이라 더욱이 그렇다. 마을 안쪽에 있는 폐교는 성수기에는 민박으로 사용되는 곳으로 국립공원 생태 지킴이자 다모아민박을 운영 중인 박화진 씨 소유다. 몇 년 전 이곳을 찾았을 때, 야영을 허락받았던 기억을 되살려 다시 한 번 그를 찾아 부탁했다. 그런데 그가 난감한 표정을 짓는 것이 아닌가?

어렵게 끄덕여야 했던 까닭을 해가 진 후에야 알았다. 바닷가에서 방목되던 염소들이 폐교의 넓은 마당으로 들어오지 못하고, 입구에서 옹색하게 밤을 보내야 했기 때문이다. 미안한 마음에 야영비라도 내려 했지만, 한사코 사양하던 그는 오히려 잠겨 있던 수도를 열어 화장실과 물을 사용할 수

01

02

있도록 배려해 주었다. 우이도에는 진리(우이1구)의 우이초등학교를 본교로 한때 마을과 부속 섬을 포함하여 4개의 분교가 있었다. 이곳 돈목에도 항성 분교라 불리는 학교가 있었고, 지금 이곳이 그 터다.

서 말의 모래는 먹어야!

다음날, 이른 아침 돈목해변으로 나갔다. 바다는 무척 거칠고, 쉴 새 없이 밀려드는 파도는 독기를 품은 듯했다. 해변을 걷는 동안에도 바람에 날리는 모래 때문에 눈을 뜰 수 없었다. 20년 전만 하더라도 풍성사구의 높이는 100m에 달했고, 폭도 50m가 넘었다고 기록되어 있다. 하지만 지금은 '동양 최대'라는 과거 명성에 비하면 다소 왜소해진 느낌이다. 실제로 다가가 보면 모래가 유실되어 전면부는 움푹 꺼지고 높이도 30~40m에 불과하다. 주변부에 많은 잡초와 식물들이 자라나 사구로의 모래 유입을 막고, 오히려 면적을 침식하는 현상만이 반복되었기 때문이다.

풍성사구 너머의 성촌해변은 돈목해변과는 또 다른 분위기의 운치를 품고 있다. 돈목해변이 해안을 따라 부드럽게 만입되어 작고 온화한 느낌이 있다면, 성촌은 바다를 향해 거침없이 모습을 드러낸 대형 해변이다. 우이도에는 두 곳 말고도 '띠밭너머해변'을 포함해 크고 작은 모래 해변이 섬에 산재해 있다. "모래 서 말은 먹어야 시집을 간다." 신안 몇몇 섬에서 전해지는 이야기가 이곳 우이도에 이르러 비로소 실감이 났다.

더욱 멀고 신비한 섬

11월 섬의 매력은 청명함과 한적함이다. 쏜살같은 바람이 구름을 걷어내면 눈부시게 파란 하늘이 모습을 드러낸다. 그 하늘빛이 바다에 투영되고,

선명한 선과 색의 기발한 조화를 보여주는 데도 이 아침, 그것을 바라보고 감격해 하는 이는 오로지 한 사람뿐이다.

돈목해변과 성촌해변을 갈라놓은 어귀에 성촌이라는 아주 작은 마을이 있다. 우이도가 최근 일반 대중에 많이 알려진 것은 섬을 배경으로 한 케이블 방송사의 《섬총사》라는 예능 프로그램이 역할을 했기 때문이라고 한다. 성촌마을에서는 촬영 당시 탤런트 김희선과 가수 정용화가 머물렀던 집을 쉽게 찾을 수 있었다.

예상대로 전 해상에 풍랑주의보가 발효되었다. 물론 육지에서 우이도까지의 바닷길도 닫혔다. 급할 것 없는 여행자에게 고립은 그저 가벼운 낭만

이며, 섬사람들 역시 흔하게 겪어왔던 담담한 일상이다. 섬사랑6호는 밤새 도초도에 정박하다가 아침 7시 40분 우이도에 들르고 다시 목포로 나갔다가 11시 40분에 출항해 오후 3시 30분경에 우이도에 도착한다. 우이도가 멀고 먼 섬이라 인식되는 이유 중 하나가 바로 이것 때문인데, 여행자가 1박 2일 일정으로 섬에 들어온다면 자투리로 남은 오후와 밤을 보내고는 바로 다음날 아침 섬을 나가야 하기 때문이다. 주말을 이용해도 쉽게 다가서기 어려운 섬, 다부지게 마음먹고 여정을 계획해야 하는 섬. 그래서 우이도는 더욱 멀고 신비한 섬이다.

해질 무렵에 다시 돈목해변으로 나갔다. 멋진 노을을 기대하고 자리를 옮겨가며 촬영을 하던 중 고깃배 한 척이 앞바다에 와 있는 것을 발견했다. 발갛게 변해가는 저녁 하늘을 배경으로 이리저리 춤을 추는 배 한 척은 그야말로 멋진 피사체가 되었고, 해가 내려 바다에 잠길 때까지 얼굴과 손이 얼어가는 것도 모르고 연신 셔터를 눌러댔다. 그런데 나중에 안 사실이지만 그 광경에 빠져 있던 사람은 나 혼자만이 아니었다.

사라진 마을과 상산봉

우이1구 돈목마을에서 2구 진리마을로 가기 위해서는 돈목해변에서 산길을 따라 2km 이상을 걸어야 한다. 면적 10.7km²의 우이도는 작은 섬이

04

아님에도 두 마을을 잇는 별도의 도로가 없다. 왕래하기 위해선 좁은 산길을 넘어가든지 아니면 바닷길을 이용해야 하는데, 우이도 사람들은 그런 불편함조차 숙명으로 알고 살아왔다.

　산길을 따라 걷다 보면 집터와 돌담 등 거주의 흔적을 만난다. 450년 전 우이도 최초로 형성되어 지금은 사라진 대초리의 마을 터다. 불과 20여 년 전까지 사람이 살았다고 하지만 세월은 그들의 자취를 무상하게 지워가고 엷은 기억들은 돌과 돌 사이 이끼가 되어 숨었다. 몰랑은 봉우리의 방언으로 남도 지역에서는 산마루나 고개 등의 개념으로 표현되기도 했다. 진리마을을 1.5km가량 남겨놓은 몰랑 삼거리에서 이정표는 오른쪽 방향으로 상산봉을 가리키고 있다.

상산봉까지는 1.2km, 가파른 경사를 치고 올라야 한다. 사람의 발길이 끊기면 자연은 그 모습을 금세 바꾸어 버린다. 드디어 높이 361m, 상산봉 정상. 시선을 한 바퀴 돌려 바라보면 들고난 해안 지형과 산세의 흐름마저 고스란히 펼쳐진다. 손가락으로 가리키며 하나하나 그 지명을 읊조려 보면 돈목마을과 돈목, 성촌해변이 저편이고 진리포구 우측으로는 동소우이도, 서소우이도가, 저 멀리 비금, 도초 옆으로는 대야도, 신도가 분명하다.

문순득과 정약전의 진리마을

진리는 도초면 사무소 우이도 출장소와 치안센터가 있는 제법 큰 마을이다. 마을 초입에 들어서면 돌담으로 둘러싸인 밭과 밭 사이 정약전 유배지라는 푯말이 눈에 들어온다. 하지만 아쉽게도 전해져 내려오는 것은 집터가 전부다. 신유박해로 인해 흑산도로 유배를 떠난 정약전은 우이도를 오가며 적거 시절을 보내다 결국 이곳에서 1816년 숨을 거둔다. 우이도와 정약전의 인연은 문순득과의 만남으로 귀결된다. 정약전은 1801년 영산포로 홍어를 팔기 위해 떠났던 홍어 장수 문순득의 표류기(풍랑을 만나 오키나와, 필리핀, 마카오, 난징, 베이징을 돌아 4년 만에 고향으로 돌아온 이야기)를 직접 듣고 《표해록》을 집필했다. 문순득의 표류기로 잘 알려진 《표해시말(漂海始末)》은 정약전 사후에 우이도로 유배됐던 유암이 《표해록》을 본으로 하여 누락된 부분을 보완해 쓴 책이다.

진리가 돈목이나 성촌에 비해 가구 수가 훨씬 많은 까닭은 마을 지형이 비교적 평탄해 밭농사에 적합하기 때문이다. 육지와 많이 떨어진 섬에서는 식량의 자급은 생존을 이어가는 필수 조건이다. 현재 우이도 사람들은 대형

06

마트가 있는 도초도로 나가 식량과 생필품을 구입해 온다. 그렇다 하더라도 노인 인구가 대부분인 섬에서 작은 밭 하나는 삶을 이어가기 위한 든든한 배경이다. 무릎을 꿇고 밭을 기어가며 작물을 손질하는 검은 모자를 쓴 할머니의 뒷모습에도, 물 빠진 갯벌을 긁어 저녁 찬거리라도 얻어 가려는 분홍 스웨터 할머니의 굽은 허리에서도 억세고 고됐던 섬 삶의 역사는 고스란히 남아있다.

'우이선창'이라는 이름을 가진 진리마을의 옛 선창은 지어진 지 300년이 훌쩍 넘었다. 형태가 온전하게 남아있는 국내 유일한 전통 포구 시설인데, 근래 들어 배를 건조하고 수리하던 곳으로 쓰였다. 현재도 선박들의 피항 포구로 활용되고 있다. 우이도를 제대로 돌아보려면 1구 돈목에서 산길을 이용해 2구 진리마을로 넘어와 목포에서 들어오는 오후 배(오후 2시 40분경 진리 도착)를 타고 다시 돈목으로 돌아가는 방법을 권할 수 있겠다. 도중에 상산봉을 경유하고 진리마을을 천천히 탐방하기를 원한다면 최소한 오전 10시 이전에 서둘러 출발하는 것이 좋다.

고향슈퍼 주인의 환타

홀어머니를 모시고 사는 고향슈퍼 주인은 몸이 몹시 불편하다. 힘든 몸짓으로 냉장고의 생수를 꺼내 비닐 봉지에 담고 돈을 받아 또 어렵게 거스름돈을 내어준다. "전에도 여기 왔었어요." 정확지 않은 발음으로 그는 어디서 묵고 있냐고 물었고, 나는 폐교에서 텐트를 치고 야영 중이라 대답했다. 그리고 슈퍼를 들락거리기를 몇 번, 그새 정이 들었을까, 섬을 나서기 전날 다시 그를 찾았다. "저 내일 가요. 다시 만날 때까지 꼭 건강해야 해요." 그는 냉장고 문을 열고 내게 뭐라고 말했다. 그 뜻을 이해하지 못해 머뭇거리고 있는데, 주인이 다시 음료수들을 가리키며 손짓을 했다. "환타." 그는 캔 하나를 꺼내 내게 건네며 크게 웃었다. 선물이었다.

이른 아침, 돈목 선착장 매표소에는 제법 많은 주민이 나와 있었다. 도초도에서 실려 오는 물건들을 받아 가기 위해서다. 며칠 머물렀던 다모아민박

의 박화진 사장은 매표 일을 겸하고 있어 감사의 인사를 전할 수 있었다. 그는 무뚝뚝한 얼굴로 "사진 많이 찍었어요?" 고작 한마디뿐이었지만 무뚝뚝한 얼굴 뒤에 수줍은 섬 정이 숨겨져 있음을 알 수 있었다.

19년간 섬을 여행하고 있어요

뭍으로 돌아가는 우이도의 하늘은 3년 전 여름처럼 경이로웠다. 잘게 조각난 솜덩이가 무수히 하늘을 덮고 오묘한 아침 빛이 조화를 부리고 있었다. 여객선 객실에는 노부부가 먼저 자리하고 있었다. 배가 출항하고 얼마 후 아주머니께서 말을 건네왔다.

"혹시 그제 성촌마을 입구에서 노을 사진 찍으시던 분 아니오?"

"네, 맞습니다만…."

"그때 입고 있던 옷을 기억하고 있어서 내가 알아봤어요. 노을도 참 좋았지만, 그때 그 앞에 있던 배를 같이 찍으시길래 '저 사람은 나랑 감성이 참 비슷하네' 하면서 선생님 모습을 한참 봤지요."

"아, 그러셨어요? 그때 마침 배가 있어서."

"내가 성촌마을에 사는데, 그 배는 일 년이면 한두 번 올까 말까 해요. 때마침 들어와 있어 신기하다 했어요."

노부부는 19년 전 우이도로 여행을 왔다가 섬의 아름답고 조용한 모습에 반하게 되었다고 한다. 마침 바깥 어르신은 정년퇴직했고 아주머니의 바람과 고집으로 우이도 성촌마을에 작은 거처를 마련했다. "나는 하는 일 없는 백수인데, 하루가 너무도 바빠요. 하늘도 봐야 하고, 오늘은 바다가 어떨까 살피기도 하고, 해변에 나가 산책도 하고, 텃밭을 가꾸기도 하죠. 매일매일이 다르니 마냥 신기하고 재미있어요. 섬에선 돈 쓸 일이 없어요. 미역을 해서 200만 원을 벌었는데, 그 돈이면 실컷 쓰고 살아요. 오늘은 장을 보려고 도초도에 나가는 중이에요. 이럴 땐 남편이랑 식당에 들러 맛있는 것도 먹고 하는데, 나이가 드니까 그것도 힘이 들어서 도초도에 쉴 수 있는 작은 집 하나도 마련해 뒀어요." 아주머니는 말을 이어갔다.

"우리 집은 민박을 해요. 성촌민박이라고.《섬총사》에서 김희선이 묵었던. 내가 '희선이 엄마'라우. 나도 19년간 섬 여행을 하고 있는 셈이지요."

INFO

교통
목포연안여객선터미널 하루 1회

추천 액티비티
트레킹, 낚시

뷰포인트
돈목해변, 풍성사구, 성촌해변, 띠밭넘

어해변, 상산봉, 정약전유배지, 문순득 생가

10

숙박과 식당
성촌민박(010-6750-5181) 다모아민박(061-261-4455) 외 다수

문의
신안군문화관광(http://tour.shinan.go.kr)

11

01 3시간이 넘는 항해 끝에 돈목항으로 입항하는 여객선. **02** 성촌해변 끝점에서 찾아낸 기암과 모래톱의 비경. **03** 규모는 줄었지만, 여전히 늠름한 풍성사구. **04** 누군가의 배려는 여행을 더욱 풍성하게 한다. **05** 물 빠진 돈목해변에서 조개를 채취하는 섬 아낙들. **06** 우이도의 해안 지형이 또렷하게 조망되는 상산봉 정상. **07** 정약전이 말년을 보냈던 집터의 흔적. **08** 현존하는 가장 오래된 전통 포구 시설 우이선창. **09** 우이도 해안 곳곳에는 놀라운 비경이 숨겨져 있다. **10** 《섬총사》 촬영 당시 탤런트 김희선이 묵었던 성촌민박. **11** 돈목해변의 가을 낙조

섬 트레킹의 찐 면목

추자도

쾌속선이 상추자항에 도착한 것은 제주를 떠난 지 1시간이 채 되지 않아서
다. 진도와 제주도의 딱 중간지점에 위치한 추자도는 1910년까지 전라남도
완도군에 속했다가 이후 행정구역 개편으로 제주시에 편입되었다. 그런 이
유로 주민 대부분은 전라도 방언을 사용하며 생필품은 대개 목포나 완도에
서 조달한다.

세월에 묻힌 좋은 시절

다닥다닥 붙어 앉은 낡고 낮은 건물들, 그 뒤편으로 모여든 섬 가옥들만
봐도 상추자항이 추자의 중심지라는 것은 대번 알 수 있었다. 추자도에도
한때 조기, 삼치 파시가 형성되면서 뱃사람들이 몰려들고 선창에는 술집과
다방 등이 북적이며 날마다 불야성을 이루던 시절이 있었다. 하지만 찌그러
진 막걸리 주전자에 늙은 아낙의 구성진 가락이 흘러나올 듯한 대폿집, 그
에 대한 로망은 이제 섬 어느 곳에도 없다. 어촌 공동화에 따라 주민 수가
감소하고 유자망 어선의 선적항이 제주 한림항으로 옮겨 가면서 영화롭던
기억은 세월의 뒤편으로 묻혀버렸다. 특산물 가게에 들러 냉동 추자 굴비
몇 마리를 샀다. 프라이팬에 올려져 노릇하게 구워질 녀석들을 상상하니 벌
써 구수한 내음이 코끝으로 밀려든다.

상추자항에서 하추자까지는 1시간마다 한 번씩 버스가 다닌다. 하추자

01

02

신양항은 완도와 제주를 잇는 여객선과 화물선의 중간 기착지다. 신양항에서 모진이해변까지는 도보로 채 10여 분이 되지 않는다. 모진이해변은 화장실, 샤워장을 갖추고 있는 추자 유일의 해수욕장으로 반들거리는 몽돌이 해변을 가득 메우고 있다. 몽돌에 텐트를 칠 때는 팩이 필요하지 않다. 스트링 끝을 큼지막한 몽돌에 감아 고정하면 그것의 무게가 텐트를 단단히 잡아준다. 이곳에 텐트를 치고 본격적인 올레길 트레킹에 나서 보기로 했다.

제주올레 18-1코스

2010년 제주도가 품은 섬 중 우도와 가파도에 이어 세 번째로 개장된 제주올레 18-1 코스(추자올레)의 난이도는 최상급으로 분류된다. 제주올레의 취지는 간세(제주 망아지를 일컫는 방언)처럼 느릿느릿하게 걸으며 천천히 맛보는 것이라 했다. 총 18km, 6~7시간의 소요시간은 때로 늘어나고 다음날로 넘어가며 어쩌다 보면 1년 후의 여정이 되기도 한다. 모진이해변을 기준으로 동쪽 길은 조선시대 박해받은 천주교도 황경한의 묘와 신대산 전망대를 지나 예초리에 닿는다. 예초리 포구의 물빛은 참으로 곱다. 고즈넉한 분위기에 해안가 고양이들이 여유롭게 낮잠을 즐기는 모습을 바라보면 마음가득 평화가 느껴진다. 가을 추자도는 홍합 철이다. 수심 10~15m 깊은 바다에서 채취한 홍합은 그 크기만도 엄청나다. 홍합 까기에 열중이던 주민들에게 부탁해 소량을 구매하고, 라면에 넣어 끓이니 육질은 찰졌으며 국물은 라면 수프를 반만 넣어도 좋을 만큼 진하고 고소했다. 홍합의 기운으로 돈대산을 가볍게 넘고 묵리로 내려오니 낚시 포인트로 유명하다는 섬생이 섬(섬도)이 바다 건너 눈에 들어왔다. 다시 시작된 바다는 유난히 광활해 보였다. 저 멀리 수평선 위로 제주도의 모습도 또렷하다.

03

나바론 하늘길

상추자와 하추자는 1970년 완공된 추자대교로 연결되었다. 다리를 건너고 발전소를 지나 나바론 하늘길로 들어서면 본격적인 난코스에 접어들지만, 그 대신 추자도 제일의 풍광이 겹겹이 기다리고 있다. 추자도는 제주에 속한 섬 중에서 가장 큰 섬이다. 상추자도, 하추자도를 포함해 횡간도, 추포도 등 유인도 4개와 무인도 38개가 군도를 이룬다. 나바론 절벽이란 상추자 남서쪽의 거대한 해안 절벽을 일컫는 말이다. 몇 년 전 2.1km의 나바론 하늘길이 개통되면서 탐방객들은 제2차 세계대전 나바론요새와도 같은 깎아지른 절벽 길의 아찔함을 만끽할 수 있게 되었다. 가파른 철계단을 오르면 하늘길 정상, 추자도가 가진 모든 풍광이 발아래 펼쳐진다.

'용둠벙'은 하늘길에서 느꼈던 경외감을 다시 달구는 촉진제와 같은 곳이다. 용의 승천 전설이 내려오는 기발한 화산 지형은 그 자체만으로도 훌륭한 볼거리를 제공하지만, 시퍼런 파도가 거대한 나바론 병풍 절벽을 타오르는 모습은 용둠벙에 오르고 나서야 비로소 감상할 수 있는 비경 중 비경이다.

후포는 바다가 잔잔하고 만입된 해안으로 둘러싸여 매우 평화로운 느낌을 주는 곳이다. 게다가 트레커들이나 이용객들을 위한 제반시설이 잘 갖춰져 상추자 트레킹의 기점이 되는 곳이기도 하다. 우천시 비를 피할 수 있는 쉼터는 물론 깨끗한 화장실과 야영 데크가 설치되어 캠핑도 가능하다. 후포 해변에서 우측으로는 섬과 바다의 절경을 고루 즐길 수 있는 걷기 길이 봉골레산을 넘어 추자항 뒤편까지 이어진다.

이끼 때 자작한 돌담과 우물을 돌아 바다를 향해 뻗어선 무덤가를 지나면 추자의 소매물도로 불리는 '다무래미'가 모습을 드러낸다. 오롯이 떠 있던 섬 하나는 물이 빠지면 기다렸다는 듯 추자 본섬과 하나가 되고 세월에 씻기어 자잘해진 몽돌들이 사잇길을 만들어낸다. 파도가 멀어지면 채 쓸려가지 못한 미역과 다시마가 몽돌 위에 널리기도 한다. 여행자들은 뜻밖의 횡재에 한 움큼 주워 담고 한 조각 베어 씹는다. 짭조름한 맛 뒤로 신선한 바다 향이 입안 가득 퍼진다.

인연으로 맺어진 섬

섬에는 인연이 있다. 일부러 만들지 않아도 한 번의 만남을 귀하게 여기면 결국 인연이 된다. 하추자 청년회 오금성 회장은 몇 년 전 상추자 후포항에서 야영했을 때, 참돔 두 마리를 앞에 놓고 회 뜨는 법을 몰라 쩔쩔매던 우리 일행을 도와줬던 사람이다. 그 후 하추자를 찾아가던 우리 일행을 길에서 발견, 모진이해변까지 태워주었고 그때 건네주었던 명함 한 장을 시작으로 좋은 인연이 되었다. 오금성 회장은 하추자 묵리마을에서 펜션을 운영 중이다. 그곳에서의 점심은 조기로 유명한 추자식 백반이다. 더불어 오 회장이 바다에서 직접 잡아온 삼치 회와 홍해삼과 소라가 싱싱함을 그대로 간직한 채 밥상 중앙을 차지하고 앉았다. 급기야 제주막걸리까지 더해지니 추자도 최고의 만찬이 되었고, 묵직했던 피로감마저 씻은 듯 사라졌다.

기분 좋은 식사를 마치고 다시 돌아온 모진이해변, 몽돌로 고정해놓은 텐트는 거친 바람에도 끄떡없이 제자리를 지키고 있었다. 한낮의 눈부셨던 태양을 섬 뒤편으로 밀어내자 오히려 바다 색은 더욱 진해지고 다시금 느껴지는 운치는 평온함이 되어 해변을 감싸안는다.

다음날, 버스를 타고 상추자항으로 넘어와 다시 제주로 가는 여객선을 기다렸다. 섬으로 드는 사람이 있으면 나는 사람이 있게 마련, 여객선터미널 대합실은 역시나 북적였다. 추억은 선물용 굴비 한 두름에도, 바닥을 뒹구는 소주병에도, 배 멀미를 걱정하는 젊은 처자의 찡그린 얼굴에도 있다. 목포를 떠나온 제주행 쾌속선에 올랐을 때, 객실 바닥에 널브러진 젊은 청년을 보았다. 배의 요동은 그에게 속이 뒤집히는 고통을 주었겠지만, 어쨌든 남은 한 시간을 견뎌내면 고대하던 제주에서의 여정이 시작될 것이다.

INFO

교통
완도연안여객선터미널 하루 2회(하추자), 하루 1회(상추자), 해남우수영여객선터미널 하루 1회(목포역, 목포항에서 무료 셔틀버스 운행, 1577-3567)

추천 액티비티
트래킹, 낚시, 라이딩, 스킨스쿠버
*제주올레 18-1코스: 상추자항-나바론 하늘길-추자등대-묵리 슈퍼-신양항-돈대산정상-영흥쉼터-상추자항 (18.2km)

뷰포인트
나바론 하늘길, 다무래미, 모진이해변, 봉골레산, 예리포구, 추자도등대

숙박과 식당
추자도민박팬션(010-9660-9306), 추자도휴양팬션(010-2726-6921), 갤러리민박(010-8543-7449), 에코하우스민박팬션(010-2715-5979), 고향향토장터(신양리 부녀회 064-747-8035), 보라네(064-744-4305), 오누이밥상(010-7129-5479), 이맛식당(064-742-5148) 외 다수

문의
제주올레(www.jejuolle.org/trail/kor), 비짓제주(www.visitjeju.net), 추자면사무소(www.jejusi.go.kr/town/chuja.do, 064-728-1526)

01 나바론 하늘길에서 바라본 용듬벙. 02 추자도등대에서 바라본 추자대교와 하추자도. 03 썰물이 되면 추자 본섬과 하나로 연결되는 다무래미. 04 용듬벙에서 바라본 나바론 절벽의 압도적인 자태. 05 상추자 후포해변에서의 하룻밤. 06 홍합 껍데기 벗기기 삼매경에 빠진 하추자 예초리 주민들. 07 바다 내음 가득한 추자도민박팬션의 보통 밥상. 08 묵리고개에 세워진 포토존 '제주의 시작 추자도'. 09 용듬벙 절벽에 오른 여행객의 아찔한 모습.

댓잎 소리 들려오는 홍성의 외동 섬

홍성 죽도

#청정섬 #에너지자립섬 #광고 #죽도야영장 #봄바지락 #여름꽃게
#가을대하 #겨울새조개

우리나라에서 가장 흔한 섬 이름은 '죽도'가 아닐까? 유인도로만 찾아도 9개나 되니 말이다. 죽도란 이름 앞에 지역 명칭을 붙이는 이유도 각각을 구별하기 위해서다. 그런데 죽도란 이름을 가진 섬은 공통적인 특징이 있다. 일단 섬이 크지 않다는 것, 그다음은 이름이 지어질 당시에는 무조건 대나무가 많았다는 사실이다. 우리나라 섬 죽도 중 대나무 죽(竹)자을 쓰지 않는 섬은 하나도 없다.

에너지 자립 섬이라니

천수만은 충청남도 홍성군과 보령시의 서쪽 해안과 안면도의 동쪽 해안 사이 좁고 긴 만을 말한다. 천수만에 있는 섬 죽도는 홍성군에 속한 오직 한 개의 유인도다. 죽도는 일제강점기부터 서산군에 속해있다가 1989년이 되어서야 홍성군에 편입되었다. 그런 이유에서 12km 안팎의 짧은 해안선을 가지고 있는 홍성군에게 죽도는 행운의 섬이자 귀하디귀한 섬이다.

홍성 죽도에 관심을 두게 된 것은 TV 광고 덕분이었다. 지형 탓에 식수가 귀했던 죽도는 해수담수화 시설을 갖추고 연료 기반을 디젤에 의존해왔다. 하지만 고비용과 환경오염 우려가 이어지자 태양광 발전 설비와 풍력발전기 그리고 에너지 저장장치 등을 통해 모든 전기를 스스로 공급하기에 이르렀고, 탄소 배출이 없는 무공해 섬으로 거듭났다는 내용의 광고였다.

— 에너지 자립 섬이라니!

그런데 그 광고에서 시선을 끌었던 부분은 섬에 가로등이 켜졌을 때, 바닷일을 마치고 돌아오는 할머니 두 분과 그들을 반기며 평상에서 밝게 웃던 주민들의 모습이었다. 연출된 광고일지라도 배경이 되었던 마을 앞 해변과 어두워지는 섬 하늘, 그것에서 느껴지는 정서는 죽도로의 여행을 계획하기에 충분한 동기가 되었다.

죽도가 달라졌어요

죽도행 여객선은 대하 축제로 유명한 남당항 우측의 길게 뻗은 방파제 끝에서 출발한다. 평일임에도 주차장은 차 한 대 더 세울 공간이 없을 만큼 빼곡했다. 대부분은 낚시꾼들이 타고 온 차량이었다. 그중 일부는 차박을 작정했는지 인도까지 캠핑 장비를 내어놓고 있었다. 주차장 몇 바퀴를 배회하다 승선장과는 다소 떨어진 곳에 겨우 한 자리를 찾아냈다.

도선에 의존하던 죽도에 정기 여객선이 생긴 것은 불과 2년 전, 2018년이 되어서다. 섬이 갑자기 생겨났을 리는 만무하지만, 특히 지난 몇 년간 죽도는 세간의 주목을 받을 만큼 변화를 이뤘다. 승선료는 왕복 1만 원. 승선 티켓은 잘 가지고 있다가 배에서 나오면서 내야 한다. 남당항에서 죽도까지

는 3.7km, 승선 후 10분이면 바로 하선이다. 죽도의 첫인상도 낚시였다. 같이 들어온 승객 중에도 많았지만, 죽도 선착장 주변은 마치 낚시꾼들의 경연장과도 같았다.

가끔 섬 여행을 하며 낚시를 겸해볼까 하는 생각을 하기도 했다. 지인의 도움으로 짧게 패킹되는 백패킹용 낚싯대도 마련했지만 결국 시도해 보지 못했다. 혹시나 낚시에 빠져 섬을 보지 못할까 하는 우려 때문이었다. 그래서 매번 그들을 보면서 부러워하고 아쉬워만 한다.

우선 캠핑장을 찾아보기로 했다. SNS를 통해 심심치 않게 올라오는 홍성 죽도야영장에서의 사진 속 장면을 확인하고 싶어서였다. 선착장을 빠져나오면 길은 마을과 해변을 따라 둥글게 이어진다. 해변에는 고깃배들이, 마을회관 지붕 위에는 낚시를 즐기는 한 가족의 조형물이 세워져 있다. 잡히지 않는 고기 탓인지 낚싯대를 든 아빠는 지치고 아이들은 시무룩한데, 엄마가 뭔가를 발견한 듯 손가락으로 가리키는 다소 어색한 구성이었다. 가족 모두 웃는 얼굴로 묘사했으면 어땠을까 싶었지만 이내 생각을 바꾸었다. '이런 게 바로 리얼리티 아니겠어? 아빠가 낚시하면 애들은 지루하게 마련이지. 고기가 맨날 잘 잡히는 것도 아니고.'

죽도야영장, 오직 한 자리를 위해

죽도야영장은 섬의 남쪽 해변 앞에 자리하고 있다. 섬이 크지 않으니 선착장에서도 700m 정도 거리에 불과하다. 야영장 앞에는 '죽도 쉼터'라는 건물이 세워져 있었다. 당초 홍보관이란 이름으로 특산물 판매소와 사무실로 쓰이던 것을 매점과 휴게실 등 여행자를 위한 용도로 바꾼 것이다. 피크

닉장을 제외한 야영장은 세 개의 캠핑 데크와 개수대 그리고 해변 쪽 노지를 활용해 운영하고 있다. 백패커들은 정형화된 캠핑시설보다는 전망 좋은 노지를 선호한다. 캠핑 데크는 쉼터 건물과 가욱들이 시야를 가리고 있어 자연을 즐긴다는 느낌이 전혀 없어 보였다. 섬 야영장은 많은 예산을 들여 시설을 만들 필요가 없지 않을까? 바닷가 전망 좋은 곳의 일부를 배려해서 화장실과 수도시설 정도만 마련하면 그만이다.

꽤 많은 섬에 들어선 야영시설들은 현실적으로 관리 부재와 태풍 등의 자연재해로 제구실을 못 하는 경우가 많다. 그럼에도 파라솔이 있는 벤치 테이블은 트레커들이나 당일 여행으로 방문한 관광객에게는 커피나 간단한 간식을 즐길 수 있는 좋은 아이템으로 여겨졌다. 초가을 푸르름이 채 가시지 않은 노지에는 한 동의 텐트가 이미 자리를 잡고 있었다. SNS를 통해서 보았던 바로 그 자리였다. 바다를 전면에 두고 초록의 잔디 위에 소나무 한 그루가 우뚝 서 있는 기막힌 풍경, 그 아래 텐트 한 동은 화룡점정과 같았다. 그 옆으로 살짝 비집고 들어가 볼까 고민도 했지만, 어떻게 해도 마음에 차지 않을 것 같았다. 그런데 그때 그 텐트 주인이 나를 주시하다가 말했다. ,

"저희 다음 배로 나갈 거예요. 그때 여기에 텐트 치세요."

자동차, 오토바이 하나 없는 청정 섬

다음 배가 들어올 때까지는 시간이 남아 배낭을 놔두고 섬 탐방에 나서기로 했다. 죽도에 조성된 트레킹 코스는 총 길이가 1270m, 섬의 각 방향 끝

동산에 설치된 세 개의 조망 쉼터를 기준으로 한다고 되어 있다. 하지만 탐방 순서는 정하지 않기로 했다. 걸음은 마음 내키는 대로 때론 대나무 숲으로, 그리고 해변을 향하기도 했다. 어떤 조망 쉼터에서는 죽도와 연결된 작은 섬을 만나고, 다른 곳에서는 마을과 사람들의 모습이 속속들이 눈에 들어왔다. 바닷가 평상에서 생선회 한 접시를 가운데 놓고 낮술에 얼큰해진 어르신들도 보였다.

죽도에서는 계절 별로 다양한 해산물을 맛볼 수 있다. 봄 바지락, 여름 꽃게, 가을 대하 그리고 겨울에는 새조개다. 죽도 주민의 대부분은 어업에 종사한다. 그중 20% 정도가 민박과 식당을 운영하는데, 영어조합법인을 만들어 공동으로 홍보하고 관리한다. 민박은 단독으로도 이용할 수 있지만, 패키지 상품이 있어 3식 제공에 선상 낚시(유람) 2시간을 포함해서 1인당 10만 원을 받는다. 죽도는 작은 섬이지만 자연 그대로의 모습을 유지하면서 관광 포인트와 편의시설 또한 잘 갖춘 알찬 섬이란 인상을 받았다. 게다가 에너지 자립에 자동차, 오토바이 하나 없는 청정 섬이라니 더할 나위가 없다. 정기 여객선이 생기고 2019년에는 60만 명에 가까운 관광객이 죽도를 다녀갔다. 이쯤 되면 귀한 외동 섬 죽도는 홍성군 관광의 효자 노릇을 톡톡히 하는 셈이다.

야영장은 깨끗하게 비워졌다. 고대했던 자리에 텐트를 치고 기념으로 사진 몇 컷을 찍어 SNS에 올렸다. 맥주를 사기 위해 매점으로 갔더니 문은 닫혀 있었고 주말에만 운영한다는 메모가 붙어 있었다. 알고 보니 주말에는 종일, 평일에는 일정 시간에 문을 열어 장사한다는 것. 물건 값은 생각보다 저렴했고, 가지 수도 많았다. 아이스크림, 냉커피를 포함해서 관광객들에게 제공할 거리도 꽤 있었다. 야영비를 주겠다고 했더니 평일인데다가 노지에 텐트를 쳤으니 1만 원만 내라고 했다.

한낮은 여전히 더웠다. 코펠에 얼음을 쏟아 넣고 맥주를 부었다. 하얀 거품이 얼음 위로 부서졌다. 목젖을 반쯤 열고 더욱 차가워진 맥주를 코펠째 들이켰다. 풀밭에 매트를 꺼내놓고 그 위에 누웠다. 색바람에 잠이 솔솔 밀려왔다.

INFO

교통
홍성 남당항 하루 5회, 남당항 매표소
(041-631-0103)

추천 액티비티
트레킹, 낚시, 캠핑

숙박과 식당
햇살민박(010-4482-8481), 대섬민박
(010-8802-1907), 일수산민박(010-
4726-0028) 외

문의
홍성문화관광(http://tour.hongseong.
go.kr/tour.do), 죽도대나무마을영어조
합법인(010-8804-9171)

PLACE

제1조망쉼터(옹팡섬 조망대)
죽도에 내리면 가장 먼저 만날 수 있는
조망 쉼터다. 선착장에서 이어지는 계단
을 오르고 신우대 사잇길을 지나면 만해
한용운 선생의 조형물이 반겨준다. 옹팡
이란 용이 물길을 끊는다는 뜻이다. 이
곳에선 모자 모양의 섬 전도와 낚시공
원, 그리고 때론 죽도와 이어지고 분리
되는 무인도들을 관찰할 수 있다.

제2조망쉼터(동바지 조망대)
동바지라는 이름은 섬의 가장 동쪽에 있
다고 해서 붙여졌다. 상징 인물은 최영
장군이다. 전망 쉼터는 울창한 신우대
숲에 둘러싸여 있어 아래에서는 잘 보이
지 않는다. 갤러리가 설치되어 홍성의
인물 그리고 명소들을 소개하고 있으며,
조망대에서 바라보면 죽도리 마을과 포
구의 모습이 한눈에 들어온다.

제3조망쉼터(담깨비 조망대)
야영장과 가장 가까운 곳에 있는 전망
쉼터다. 담깨비는 당산이라는 뜻이며,
예전 이곳에서 당제를 지냈음을 의미한
다. 커다란 칠판이 설치되어 여행 소회
를 남길 수 있다. 이곳의 상징 인물은 김
좌진 장군. 죽도와 연결된 큰 달섬 작은
달섬이 조망되고 벤치에 앉아 가장 너른
바다를 감상할 수 있다.

01 제2조망쉼터에서 바라본 해질녘 마을. **02** 싱싱한 해
산물을 사계절 맛볼 수 있는 홍성 죽도. **03** 마을회관 위
에 설치된 낚시하는 가족 조형물. **04** 바라고 바라던 죽
도 야영장의 핫 스폿. **05** 죽도를 중심으로 옹기종기 모
여 있는 무인도들. **06** 조망쉼터는 홍성을 대표하는 상
징적 인물들이 소개하고 있다. **07** 가을이면 대숲 바람에
더욱 운치가 느껴지는 죽도 탐방로.

옷고름 물들이고 기약 없는 홀로 섬에

여서도

#홀로섬 #바람의섬 #돌담 #미로 #물맛 #해녀 #물질 #야영금지
#무인등대 #여호산

전날 완도연안여객선터미널에서 여서도까지 가는 3시 배를 놓친 나는 숙소
를 잡고 프라이드치킨을 씹으며 하룻밤을 보내야 했다. 이튿날 여서도로 가
기 위한 다른 하나의 방법을 선택했다. 다름 아닌 청산도를 거쳐 가는 것이
다. 아침 7시, 완도연안여객선터미널에서 여객선을 타고 한 시간 뒤 청산도
항에 도착했다. 매표소에 들러 물어보니 여서도행 승선권은 배 안에서 끊으
면 된다고 한다. 지나는 아주머니께 승선 위치를 물어보았다. 손가락으로 선
착장 구석을 가리키며 "배가 도착하면 바로 출발하니께 어디 가지 말고 기
다리드라고."

그리고 얼마지 않아 쭈뼛거리면 항구로 들어오는 여서도행 섬사랑7호를
보았다. 배를 기다리던 사람 대부분은 낚시 가방을 메거나 들고 있었다. 승
선 절차가 끝나자 배는 가차 없이 항구와 멀어졌고, 객실에서 매표를 마친
선원들은 아침 식사를 위해 식당으로 올라갔다. 배낭에서 어젯밤 먹다 남은
치킨 조각을 꺼냈다.

여서도 가는 길

청산도에서 여서도까지는 한 시간 남짓, 먼바다로 들어서자 배가 뒤뚱거
리기 시작했다. 여서도 주변 해역은 파도가 거칠기로 유명하다. 직선거리로
따지자면 완도와 제주의 딱 중간지점, 주위에 무인도 하나 없는 그야말로

홀로 섬이라 바다의 온갖 풍파를 고스란히 받고 견뎌야 하는 운명인 셈이다. 들어갔다가 며칠씩 갇혀 못 나오는 일이 다반사라 멀고도 먼 섬, 이번 여정을 위해서 얼마나 바다 날씨를 살피고 또 살폈는지.

여서도에 도착한다는 안내 방송에 선잠을 깼다. 객실 바깥으로 나오니 배는 이미 선착장으로 들어서고 있었다. 섬의 인상을 살필 틈도 없이 배에서 내려 잠시 숨을 돌리자 비로소 벅찬 감동이 밀려든다. '얼마나 마음에 두고 그리던 섬이었는가!' 상기된 표정으로 주위를 둘러보니 광장처럼 넓은 물양장 뒤편으로 우뚝한 마을 표지석이 눈에 들어온다. '신비의 섬 여서도'.

돌담에 새겨진 인고의 세월

물양장 끝 마을 진입로는 시작점부터 경사가 심했다. 미로처럼 이어지는 골목은 높은 돌담으로 가려져 앞을 예측하기 어려웠다. 섬 길은 먼저 생기는 법이 없다. 집과 밭을 둘러서 돌담을 쌓다 보면 자연스레 연결되어 길이 된다. 여서도의 돌담에는 세월의 자취가 덕지덕지 붙어있다. 타고 오른 넝쿨이 담을 덮고, 퇴색된 이끼 때가 돌마다 눌어붙었다. 돌담은 육지에서 가까운 섬들의 것보다 한참이나 높아 거의 지붕과 나란할 정도다. 게다가 경사지에 쌓아진 것은 시각적인 높이까지 더해져 마치 성벽을 보는 듯했다. 또 돌담길은 어찌나 좁은지 두 사람이 마주친다면 한 사람이 비켜서야 지나갈 수 있을 정도다.

남도의 섬에 돌담이 유독 많이 보이는 까닭은 집을 올리고 농사를 지을 땅덩이가 부족했기 때문이다. 그래서 섬사람들은 땅속에 박혀 있는 돌을 파내어 땅을 일구고 그 돌덩이로 담을 쌓으며 생활의 터전을 만들어야 했다. 여름철 태풍과 한겨울 차가운 북풍으로부터 귀하게 얻은 집과 밭을 지키기 위해서 섬사람들은 되도록 높은 담벼락을 쌓아야 했고, 작고 작은 집과 밭터가 만나니 그토록 좁은 골목이 생겨난 것이다. 여서도의 돌담길은 미로와 같았다. 어디를 향해 이어지는 것인지 알 수가 없으니 그저 초행자는 발길이 이끄는 대로 따라 걸을 뿐이었다.

관광객은 많아졌다지만

여서도는 산이 높아 물맛이 좋기로 유명하지만, 그 양이 넉넉한 편은 아니다. 지하수를 물탱크에 저장해 두고 상수도로 이용하는데 급수를 제한하는 때도 자주 있다고 한다. 비탈을 오를수록 비어있는 집들이 심심치 않게 눈에 띈다. 산비탈을 일궈 만들어낸 조막 만한 밭들과 구들장 논이 층층이 자리 잡아 앉았다. 평생을 살아도 쌀 한 가마니를 못 먹는다는 말이 전해져 내려올 만큼 척박한 삶, 그것은 참으로도 힘겹고 외로운 싸움이었을 것이다.

마을의 가장 높은 곳에 다다를 무렵 잡풀이 무성한 운동장과 낡은 교사가 눈에 들어왔다. 몇 년 전 폐교가 되어버린 청산초등학교 여서분교다. 학생이 떠나고 사람의 손길이 멀어지면 시설은 금세 피폐해지기 마련이다. 방치된 운동장이라도 어떻게든 이용되었으면 좋겠다는 생각이 들었다. 최근 여서

도가 방송 등을 통해 알려지면서 기존의 낚시꾼들과 더불어 찾아드는 여행자들도 많아졌다. 최근까지 두세 곳에 지나지 않았던 민박이 늘어나니 마을 입구에 반듯한 펜션 스타일 민박이 들어서기도 했다. 살고 있던 집터를 허물고 건물을 올려 지었다는 민박은 지난여름 빈방이 없을 정도였단다. 작은 섬들에는 식사를 파는 식당이 없는 경우가 허다하다. 여서도의 민박집들도 숙박하는 손님에 한해서만 식사를 제공한다.

여서도에 가면 애 배야 나온다

해가 중천에 오르니 바다의 물빛은 더욱 깊어 간다. 여서도로 시집 오던 색시가 혹시나 물이 들을까 옷고름을 적셔 보았다는 얘기가 있을 정도로 섬 바다는 파랗다. 선착장 뒤편으로도 민박을 겸한 슈퍼가 한 곳 있다. 생수와

06

달걀도 필요하고 무엇보다 시원한 맥주 한 캔이 간절해 문을 열었더니 주인이 보이지 않았다. 한참을 두리번거리는데 물양장에서 그물을 손질하던 어르신이 아는 체를 했다.

"뭐요?"

"주인이세요?"

"필요한 거 있으면 알아서 가져 가슈."

"계란은 없어요?"

"파는 건 없고, 부엌에 가서 찾아보면 있을 거유."

가게 냉장고와 부엌을 오가며 원하는 것을 얻고, 어르신에게 다가가 돈을 내었다. 가게 아주머니는 여서도의 마지막 해녀란다. 과거 작은 제주도라 불렸던 섬에는 많은 제주 해녀들이 들어와 물질을 했고, 파도와 바람이 거칠어지면 기약 없이 갇혀 있기 일쑤였다. 그러다 보면 '여서도에 가면 애 배야 나온다'라는 말이 씨가 되어 결국 섬에서 평생을 살게 된 경우도 허다했다.

여서도에서는 텐트 한 동 펼칠 공간도 만만치 않다. 마을 내는 물론 선착장 주변 역시 원칙적으로 야영을 금지한다. 텐트 칠 곳을 찾아 헤매다 결국 해안가 거친 초지에 설영을 했다. 바닥이 울퉁불퉁하고 풀이 많이 자라 야영에 적당하지 않았지만, 그저 눈앞에 푸른 바다를 펼쳐두고 있음에 만족했다. 건조미로 코펠 밥을 지었을 때는 탱글탱글해진 밥알에 흐뭇했고, 달걀이 들어간 순두부찌개는 푸짐해 보여 좋았다. 그리고 차가운 맥주까지 곁들일 수 있었으니, 순간 모든 것이 행복해졌다.

마을 어르신들이 알려준 대로 산길을 오르니 오래지 않아 태양광을 동력으로 하는 무인 등대에 이르렀다. 등대에서는 방파제와 물양장은 물론 여서리 마을 전체가 훤하게 내려다보였다. 커다란 섬 덩어리에 사람이 모여 사는 곳은 고작 산비탈의 일부, 나머지 대부분은 자연에 내어준 홀로 섬 여서도. 산 위에서 맞는 바람은 시원하고 또 청량했다. 그 바람이 좋아 땀이 식은 뒤에도 한참을 꿈쩍 않고 앉아 있었다.

고독한 섬, 고독한 여행가

정말 생선회 한 점이라도 맛보았으면 하는 생각이 간절했다. 바닷가에는 찬거리를 잡아 올리는 주민들과 낚시꾼도 꽤 있었지만, 언감생심 그저 바라만 볼 따름이었다. 그렇게 한참을 기웃거리면 "옛다, 가져다 잡수슈" 하며 생선 한 마리라도 던져주는 이가 있진 않을까? 바닷게 몇 마리라도 잡아 프라이팬에 튀겨 볼 요량으로 갯바위를 헤집고 다녔지만, 이내 포기하고 말았다.

여름이 무색하리만큼 강렬했던 가을 낮 더위가 한풀 꺾이면서 바람의 세기도 커지고 평화롭던 바다가 일렁이기 시작했다. 수평선 위로 청산도의 모습이 희미할 뿐, 여서도는 무인도 아니 바위섬 하나도 벗 삼지 못했다. 또 다른 먼바다 추자도가 외롭지 않은 것은 크고 작은 섬들을 곁에 두고 군도를 이루고 있기 때문이다. 그에 비하니 여서도의 고독함이 더욱더 애달프게 느껴졌다.

완도를 떠난 섬사랑7호가 섬으로 돌아왔다. 엔진의 굉음을 내려놓은 여객선이 선착장에 기대서서 휴식에 들어가면, 일과를 끝낸 선원들 또한 한잔 나눌 궁리를 할 것이다. 노을빛 물씬한 하늘과 바다, 밤바다를 향하는 고깃배들의 실루엣을 한동안 바라보았다. 그때 텐트 아래를 지나던 마을 아주머니가 멈춰 서더니 크게 소리쳤다.

"뱀 나오면 어쩌려고, 지네도 댕긴당께. 언능 내려오더라고!"

"텐트 칠 곳이 마땅치 않아서요."

"없긴 왜 없어 조기 평평한디 치면 되지."

아주머니가 가리킨 곳은 바로 도로 옆이었다. 텐트 두어 동 들어갈 공간이 있었다.

들고양이가 주변을 맴돌며 호시탐탐 쓰레기봉투를 노리길래 뒤쪽 바위 높은 곳에 매달아두었다. 매트리스 위에 몸을 뉘니 바람도 잦아들고 파도 소리도 온화해진 듯했다. 물이 멀어진 탓이겠지. 고양이 울음소리는 멈추질 않았다. 쓰레기봉투 때문일까? 녀석은 애가 끓는 모양이다.

아침 배를 타기 위해서는 새벽같이 일어나 서둘러야 했다. 밤새 무사했던 쓰레기봉투를 정리하고 나서려는데 아침 운동을 나온 어제 그 아주머니를 또 만났다.
"지금 가나?"
"네. 아침 배로 나가려고요."
"잠은 잘 잤는가?"
"네, 덕분에 뱀 걱정 없이 잘 잤어요."
"들고 있는 것이 쓰레기지? 이리 주더라고. 나가 소각장에서 태워버려 줄탱게."

짧은 인연은 다시 만날 날을 기약하게 한다.

— 다음번 찾을 때는 하루나 이틀쯤 민박에 자면서 섬 밥상도 먹어 보고 여호산도 올라 봐야지. 고마움을 주었던 분들의 얼굴도 기억해 둬야 할 텐데, 부지런히 낚시하는 법을 배우면 생선 한두 마리는 잡을 수 있을까? 그때도 푸른 하늘과 바다를 열어 준다면 좋을 텐데.

어느새 여서도가 멀어져간다.

INFO

교통
완도연안여객선터미널 하루 1회, 청산
도항 하루 1회

추천 액티비티
트레킹, 낚시

뷰포인트
무인등대, 사형제바위, 여호산, 봉화대,
돌담길, 우물

숙박과 식당
소라민박(010-7466-4421), 세영민박
(0507-1328-6497), 둥지민박(010-
7100-9213), 꽁지네민박(010-8547-
3233)

문의
여서도(www.wando.go.kr/island2/
yeoseo_do), 전남가고싶은섬(www.
jndadohae.com)

01 등대에 올라 내려다본 여서도항. 02 여서도 내항의 깊고 진한 물빛. 03 유난히 드넓은 물양장과 마을 초입부. 04 돌담 미로를 따라가다 막다른 집을 만나기도 05 거센 해풍으로부터 집을 보호하기 위한 높은 돌담. 06 지금도 귀하게 사용되는 우물. 07 해질 무렵 바다로 나가는 고깃배들. 08 다음 여서도 여행은 꼭 민박을 이용하리라 다짐했다.

08

울릉도

홍도 ● 암태도, 자은도, 팔금도, 안좌도
가거도 ● ● 연홍도

한겨울 울릉도에서의 캠핑

그리고 **겨울**
—
Winter

나리분지의 길고 긴 겨울, 그 복판에 서다

울릉도

#나라분지 #너와집 #섬말나리 #성인봉 #나리촌식당 #알봉둘레길
#학포아영장 #꽁치물회

오후부터 기상 악화가 예상됨에 따라 울릉도행 배 시간이 한 시간 당겨졌다
는 문자가 왔다. 시간 변동에 대처할 수 있었던 것은 '가보고 싶은 섬'에서
티켓을 예매해둔 덕분이다. 포항여객선터미널 건너편 무료 주차장 깊숙한
곳에 차량을 안전하게 대어놓고는 매표소에서 티켓을 받았다. 포항에서 울
릉도까지는 3시간 50분, 일행이라도 있었다면 해장국에 소주 한잔 곁들이
고 취기에 기대 모자란 아침잠을 채웠을 테지만 높은 파도와 지루함을 견디
기 위해 선택한 것은 결국 멀미약 한 병이었다.

　버스 운행은 하지 않습니다
　울릉도 도동항, 여객선이 닿은 순간 멈춰 있던 섬 일상은 다시 분주해졌
다. 그도 그럴 것이 전 주에는 풍랑주의보로 인해 단 한 차례만 배가 오갔고,
어제 역시 바닷길은 닫혀 있었기 때문이다. 도동항 버스터미널에서 한참을
기다리고 나서야 천부로 가는 버스 문이 열리고 운전기사가 승차해도 좋다
는 신호를 보냈다. 배낭을 아래 짐칸에 넣은 후, 가는 내내 바다를 조망할 수
있는 좌측 좌석 창쪽으로 앉았다.
　해안도로의 구조상 터널이 많은 울릉도에서는 단차선 도로로 이어지는
경우, 신호를 기다려 통과해야 하는 불편함이 있다. 구불구불 수층교를 오르
고 태하를 넘어서면서 북쪽 바다의 모습이 선명해지기 시작했다. 이윽고 버

스가 천부에 닿았다. 흙과 먼지가 잔뜩 묻은 배낭을 꺼내려는데 기사가 퉁명스레 한마디 던졌다. "나리분지 가려고요? 버스 안 다니는데."

며칠새 눈이 내리고 그대로 얼어붙은 탓에 나리분지까지 다니던 버스가 운행을 중지했다는 것이다. 앞 유리창에 나리분지라는 푯말을 기대놓은 채 덩그러니 서 있는 작은 버스를 발견하고 혹시나하는 마음에 그 안에서 무언가를 하고 있던 또 다른 기사에게 사정도 해보았지만, 달라질 것은 없었다. "이 버스는 운행 안 합니다"라는 결정적인 한마디를 듣고서야 걸어야 한다는 아득한 현실을 직시하게 되었다.

구원의 손길

천부마을의 비탈진 골목길에서 나리분지까지는 4km, 도보로 1시간 30분 정도면 닿을 수 있다는 마을 사람들의 걱정 섞인 격려를 믿기로 했다. 오래지 않아 배낭과 몇 겹 껴입은 옷 사이로는 땀이 차오르기 시작했다. 햇볕이 닿지 않아 빙판이 되어버린 구간은 미끄러워 걸음을 옮기기조차 버거웠다. 입을 벌린 채 가쁜 숨을 토해내며 얼마나 걸었을까? 마땅히 쉬어갈 자리조차 찾지 못해 헐떡이는 도중, 열광적으로 흔들어대는 손을 못 본 체 무심히 지나가는 차량이 있어 그 꽁무니에 대고 심한 원망을 퍼붓기도 했다. 그리고 얼마 후 털털거리며 올라오던 1톤 트럭 한 대가 애처로운 손짓을 또다시 지나쳐 갔다. 절망하려는 순간, 뭐라 하는 소리가 들려 고개를 드니 길 위쪽 어딘가에 정지하는 듯한 트럭의 모습이 눈에 들어왔다. 확신은 없었지만, 혹시나 하는 마음에 죽을힘을 다해 경사 길을 뛰어오르기 시작했다. 그리고 숨이 너무도 가빠 감사하단 얘기조차 하지 못한 채, 트럭 조수석에 올라 탔다. 아주머니가 건네주는 귤 하나로 목을 적시고야 비로소 인사를 건넬 수

있었다.

"정말 감사합니다.".

"경사지에선 차가 정지했다 올라갈 수 없으니까 위쪽 평평한 곳에 세운 거에요. 뛰어오느라 얼마나 힘들었을꼬?"

알고 보니 분지에서 유명한 나리촌식당 사장님 내외분이었다. '추운 계절에 텐트 치고 어찌 자려고 하느냐, 밥은 집에 와서 먹어라'는 등, 내외분의 진심 어린 몇 마디는 너무도 달콤했지만, 그저 믿는 구석이 생긴 것에 만족하기로 했다. "이쪽은 나물 밭이라 텐트 치면 안 되고, 저쪽이 옥수수 대 잘라낸 자리니까 거기다 치면 돼요. 추울 텐데 뭐 하는 짓인지 모르겠다."

눈길 속으로 작아지는 차를 향해 큰 인사를 했다. 겨울에 접어든 나리분지는 전혀 다른 세상이 되어 있었다. 순백의 평원은 고갯마루 전망대에서 확연하게 드러나 보였다. 경이로움에 빠져있던 순간, 흐르던 구름은 분지를 둘러싼 높은 산봉우리들에 걸려 뒤뚱거리다 또다시 한 뭉치의 눈을 쏟아냈다.

뻔뻔함의 극치

전날 나리촌식당에서 얻어 온 물이 반밖에 남지 않았다. 얼마든지 받아다 쓰라는 말을 믿고 양치질을 하며 다소 헤프게 썼던 때문이다. 쌀을 씻어 밥을 안쳐야 했기에 다시금 물백을 들고 식당으로 향했다. 눈발이 굵어지니 관람용으로 세워놓은 너와집에 한층 더 운치가 느껴졌다. 기척을 넣고 식당 주방에서 물을 담아 나가려는 순간, "잠깐 기다려 봐요" 하는 안 사장님의 목소리가 들려왔다.

"밥은 먹었어요?"

"아뇨, 라면 하나 끓여 먹으려고요."

잠시 머뭇거리다 결국 비굴한 대답을 하고야 말았다. 뭇국과 명이나물, 된장, 쌈 배추, 김치 등을 푸짐하게 얻고 난 후에도 염치없는 한마디를 덧붙였다.

"혹시 막걸리도 있을까요?"

"잠깐 기다려 봐라, 모임에서 먹다 남은 막걸리가 있을 거다. 맛이 참 좋더라."

겨울 나리분지의 귀한 씨껍데기 막걸리를 마저 얻고 나서야, 나는 스스로의 뻔뻔함에 얼굴이 화끈거려왔다.

"정말 죄송해요."

"아니다. 내가 뭐라 그랬노? 우리 집에서 같이 밥 묵자고 하지 않았나? 그리고 성인봉은 절대 혼자 올라가선 안 된데이. 눈 올 때는 안전이 최고인기라."

나리촌식당을 뒤로하고 돌아가는 길에서는 차갑게 부딪치던 눈송이가 얼마나 푸근하게 느껴지던지.

설원의 나리분지

울릉도는 우리나라에서 가장 눈이 많이 내리는 곳이다. 눈은 해안가 마을에서는 쉽게 녹아내리지만, 해발 500m 전후의 높은 봉우리들이 병풍처럼 둘러 있는 나리분지에서는 고스란히 쌓여 사람의 키 높이를 훌쩍 넘기도 한다. 나리분지는 신생대 제3기 말의 화산 활동으로 생겨났다. 용암 분출 후 화구가 내려앉아 평편하게 형성된 칼데라 분지로 울릉도에서는 유일한 평야 지역이다. 오래전 정착민들은 이곳에 산재해 있던 섬말나리의 뿌리를 캐어 먹으며 생활했다. '나리촌'이란 이름으로 불리게 된 것도 그 때문이다.

한 무리의 노르딕스키어들이 나타났다가 순식간에 사라졌다. 나리분지는 전문 산악인들이나 산악구조원들의 동계 합동훈련장으로 이용되기도 한다. 겨울 복판에 선 나리분지는 적막하기 이를 데가 없다. 꿩 몇 마리가 눈을 헤치고 먹이를 찾다 인기척을 느끼고는 세찬 바람에 너덜해진 비닐하우스 뒤편으로 날아갔다.

나리분지에는 총 16가구가 있는데 대부분 식당을 운영하며 옥수수와 더덕, 취, 고비와 같은 산나물을 재배하며 살아간다. 식당들은 3월부터 영업을 시작해 11월 말이면 대부분 철시를 한다. 겨울이 일찍 찾아와 관광객 수가 대폭 줄어들기 때문이다. 주민들 대부분은 분지를 떠나 읍내나 뭍에서 겨울을 보내고 봄이 되어야 돌아온다.

알봉둘레길

마그마가 분출되고 제자리를 맴돌다 형성되었다는 알봉은 분지 한편에 봉긋하게 솟아있다. 알봉둘레길은 마을을 기점으로 알봉 주위를 돌아오는 6km 순환 코스다. 숲에 갇혀 끝없이 이어질 것만 같았던 탐방길은 투막집 삼거리에 이르러 미륵산, 형제봉, 송곳산의 자태를 내어놓고 생채기 없는 하얀 들녘을 펼쳐 보였다. 시원한 경관에 가슴마저 절로 트이는 느낌이었다. 눈밭에 앙증스레 세워놓은 솟대들과 나란히 구름다리가 이어지더니 산자락과 만나는 계곡에선 아찔한 오솔길도 나타났다. 주민들이 추산과 나리분지를 오가던 옛길을 따라 다시 마을로 접어들었을 때 나리분지의 짧은 오후는 이미 저물어가고 있었다. 다시금 눈발이 휘날리고 빈 옥수수 밭 사이 세워놓은 텐트를 향해 가는 느린 발걸음에도 나리분지의 기나긴 겨울은 흐르고 있었다.

울릉도의 공식 야영장

울릉도에는 정식 야영장이 두 곳 있다. 구암에 있는 국민여가캠핑장과 2017년 조성된 학포야영장이다. 천부에서 도동 방향으로 버스를 타고 가다가 학포에서 내린 것은 야영장의 면면도 궁금했거니와 학포해변과 마을도 살펴보기 위해서였다. 정류장에서 야영장까지는 대략 700m를 내려가야 하는데, 그 경사가 꽤 심했다. 마을 바로 위, 바다가 직접 조망되는 위치에 자리한 학포야영장은 비정형 데크 10개와 의자가 달린 목제 테이블로 구성되어 있다. 관리사무실은 잠겨 있었지만, 화장실과 세척실이 깨끗하게 정리된 채 열려 있었고 더운물도 공급되었다. 비교적 작은 규모에 비해 주변 환경이나 시설이 탁월하여 울릉도 여행을 계획한다면 하루의 일정으로 끼워놓아도 좋을 듯했다.

꽁치물회의 두 얼굴

학포야영장에서 계획에 없던 야영을 준비하고 배낭을 텐트 안에 넣어둔 채 읍내로 나가기 위해 버스정류장에 다시 섰다. 울릉도의 순환버스는 대부분 정시를 지켜 운행된다. 버스 시간표를 미리 휴대폰으로 찍어 저장해두면 기다리는 시간을 절약할 수 있다. 도동에 내려 버스를 갈아타고 다시 저동으로 향했다. 북적거리는 도동보다 섬사람들의 생활과 그에 따른 정취가 느껴지는 저동에 더욱 호감이 있었기 때문이다. 저동 어판장에서는 호스가 물을 뿜으며 바닥 청소가 한창이었다. 곳곳에 널려 있는 오징어 눈과 몰려든 갈매기 떼를 보아 어선들이 그들의 어획물을 쏟아 놓고 나간 지 얼마 안 됐음을 알 수 있었다.

뒷골목 식당가로 들어섰다. 지난 여행에서 잊을 수 없었던 꽁치물회의 맛이 그리워 정애식당을 찾았다. 하지만 '육지에 갑니다'라는 쪽지 한 장이 붙여진 식당 문은 굳게 닫혀 있었다. 아쉬웠지만 정겨운 문구에 피식 웃음이 났다. 골목을 몇 바퀴 배회하다가 몇 집 건너 해돋이식당으로 마음을 결정하고, 그곳에서 꽁치물회를 주문했다. 그런데 비빔물회가 나오고는 육수 대신 물을 가져다주는 것이 아닌가?

"일단 그대로 드셔 보이소. 드시다 밥을 넣고 비벼도 되고 나중에 물을 부어 자박하게 먹어도 좋고."

꽁치의 식감은 채소의 아삭임에 대비되어 더욱 쫀득거렸고, 매운맛과 단맛, 신맛 비율이 적당한 양념장과 어우러지니 기대했던 것 이상으로 맛이 좋았다.

"육수를 부어 먹는 꽁치물회도 있던데요?" 하고 물으니 옆 테이블에 앉아 있던 손님이 한마디 거들었다.

"비벼 먹는 것이 울릉도식인기라. 시원하게 물을 부어 먹기도 하고."

05

　출발 전날부터 좋아지기 시작한 울릉도 날씨는 돌아가는 날이 돼서야 맑고 푸른 바다를 열어주었다. 배 시간까지는 다소 여유가 있어 배낭을 대합실 물품보관소에 맡기고 도동등대까지 다녀오기로 했다. 도동여객선터미널에서 저동 촛대바위까지의 행남해양탐방로 2.5km가 이어지며 1시간 30분 정도 소요된다. 하지만 겨울철에는 통제되기 일쑤라서 더욱 귀한 길로 여겨진다. 투명한 물빛과 조화를 이루고 있는 해식애, 동굴, 파식대, 시스택 등 파도와 바람이 만들어 놓은 온갖 비경들 덕에 걷는 내내 탄성이 멈춰지지 않았다.

겨울 울릉도는 제때 들어와 계획대로 여정을 마치고 나가기가 어렵다. 여객선에 올라 좌석 등받이를 뒤로 제치고 몸을 기대 묻으니 울릉도에서의 순간순간이 행운처럼 느껴졌다. 섬, 바다, 구름, 바람, 별 그리고 내가 걸었던 길과 사람들. 그 질퍽한 감회의 끝자락에 순백의 나리분지가 펼쳐졌다.

INFO

교통
강릉항여객터미널 하루 1회, 포항여객선터미널 하루 3회, 후포항여객선터미널 하루 1회

추천 액티비티
트레킹, 캠핑, 서핑, 다이빙, 라이딩

뷰포인트
나리분지 전망대, 알봉, 내수전전망대, 태하등대, 행남등대, 봉래폭포, 관음도 외

숙박과 식당
명가펜션(사동, 054-791-0031), 추산노을빛펜션(현포, 054-791-0031), 뿌리깊은나무(나리분지, 054-791-6117), 채움민박(나리분지, 010-2821-5808) 나리촌식당(054-791-6082), 나리분지야영장식당(054-791-0773), 국민여가캠핑장(054-791-6781), 학포야영장(관리인 010-4046-6055) 외 다수

문의
울릉도문화관광(www.ulleung.go.kr/tour)

08

09

01 나리전망대에서 바라본 눈 덮힌 나리분지. **02** 알봉을 에워싼 송곳산 형제봉 미륵산. **03** 방풍, 방설을 위해 우데기로 외부를 둘러싼 투막집. **04** 한 차례 눈이 내리기 시작하면 그칠 줄을 몰랐던 나리분지의 겨울. **05** 생활관, 방갈로, 캐러밴 그리고 야영 데크를 갖춘 국민여가캠핑장. **06** 오징어 손질에 바쁜 저동항 어판장의 주민들. **07** 때가 되면 울릉도에 가야 하는 이유 하나, 별미 꽁치 물회. **08** 텐트 밖에 나와 앉아 눈 내리는 나리분지를 가슴에 담던 순간. **09** 도동항에서 저동항 촛대바위에 이르는 행남해안산책로.

01

02

꿈꾸는 섬 미술관

연흥도

#섬나라미술여행 #금당도해안절벽 #연흥미술관 #선호남관장
#은빛물고기 #섬미술관 #아르끝 #연흥사진박물관

빨간 고추 포대나 택배 물건들이 실려 있던 몇 년 전의 작고 낡은 도선이 아니었다. '섬나라 미술 여행, 연흥도'라는 글자와 예쁜 그림들이 랩핑된 도선은 참으로 근사해 보였고, 그 때문에라도 달라졌을 섬의 모습이 더욱 기대되었다. 연흥도는 금산(거금도) 신양항에서 도선으로 5분 거리. 해안선을 따라 돌아봐야 둘레가 고작 4km에 지나지 않는 아주 작은 섬이다. 멀리서 바라보면 두 개의 구릉 사이 바다에 닿을 듯 낮게 펼쳐진 마을 뒤로 금당도 해안 절벽이 마치 하나의 섬이라도 되는 양 묘하게 겹쳐진다.

다시 연흥미술관을 찾아서

선착장에 내리자 가장 먼저 눈에 띄었던 것은 방파제 위 빨간 파이프 조형물과 마을 담벼락에 섬 주민들 개개인의 추억들을 타일마다 사진으로 인쇄해 전시한 연흥사진박물관이었다. 입구부터 달라진 섬의 모습에 한편으로는 설레면서 호기심이 더욱 커졌다. 우선 미술관을 찾아가 보기로 했다.

작품 전시는 물론 문화예술인들이 머물며 창작할 수 있는 작업 공간, 여행자들이 섬을 탐방하고 하루를 쉬어 갈 수 있는 숙박시설, 섬 둘레길을 걷다가 금당도의 비경을 감상하며 차 한잔 마실 수 있는 카페…. 몇 년 전 만났던 연흥미술관 선호남 관장의 꿈은 얼마나 이뤄졌을까?

교회 언덕을 넘고 섬 뒤편 해안을 따라 미술관으로 다가서는 내내 마음이

콩닥거렸다. 연홍미술관은 1998년 폐교된 금산초등학교 연홍분교 터를 섬 출신 김정만 화백이 임차해서 전시실과 숙박시설 등을 갖추고 2006년 개 관했다. 이후 2009년 고흥 민예총 사무국장이었던 서양화가 선호남 관장이 인수해 현재까지 운영 중이다.

여행자의 재회

미술관은 외관부터 다른 모습이 되어 있었다. 미술관 앞에 펼쳐진 바다만 없었다면 서울 외곽의 근사하고 분위기 있는 갤러리를 떠올렸을지 모른다. 조심스레 카페 문을 열고 들어가 보았다. 오후 햇볕이 잘 드는 창가 테이블 에 앉아 커피를 마시며 책을 읽는 여성의 모습이 눈에 들어왔다. 선호남 관 장의 부인이었다.

"사모님 안녕하세요? 혹시 저 모르시겠어요?"

부인은 어리둥절한 표정을 지었다.

"누구…, 제가 사람을 잘 몰라봐서."

"예전에 미술관 앞마당에 텐트를 쳤던, 그리고 돌아갈 때 김치 싸주셨던 사람인데요."

"아, 기억하고 말고요. 우리 미술관에 텐트 친 사람은 한 명밖에 없었거든요."

잠시 후, 한 무리의 탐방객들과 선호남 관장이 카페로 들어왔다. 커피와 차가 준비되는 사이, 선 관장은 탐방객들에게 미술관을 소개했다. 그리고 뒤돌아 내 손을 잡으며 반갑게 웃었다.

"정말 오랜만에 왔어요. 저녁에 한잔해야겠네. 아, 그리고 오늘은 꼭 미술관 안에서 자는 거로 합시다."

2016년, 연홍미술관을 처음 찾았을 때가 떠올랐다. 선 관장은 추운 겨울 마당에 텐트를 치고 자겠다는 낯선 방문객을 안타까워했다.

"알겠습니다. 그럼 정말, 밥 한 끼만 같이 먹읍시다."

부인이 내온 밥상 한가운데는 생태찌개가 올랐고, 그 주위에 갓김치와 파김치, 김장김치가 정갈하게 놓였다. 첫 만남의 어색함에도 결국 술을 부르게 했던 찌개 국물은 얼큰함의 품격을 갖췄더랬다. 비교 불가의 손맛을 느꼈던 갓김치와 유자동동주까지…. 밤새 이어졌던 이야기의 주제는 단연 연홍도였다.

좋은 기억은 여정을 빛나게 한다

미술관 앞바다에는 대형 물고기 조형물이 설치되어 있었다. 물이 들면 반쯤 잠겼다가 물이 빠지면 온전한 제 모습을 드러내는 〈은빛물고기〉란 작품이다. 프랑스 설치미술가 실뱅 페리에는 이 작품을 완성하기 위해 연홍도에 한 달간 머물렀다. 사실 선 관장이 카페를 만들고 싶었던 자리는 해변 귀퉁이의 낡은 폐가였다. 워낙 위치가 좋고 상징적이어서 기대를 했지만, 소유주가 동의하지 않아 무산되었다. 폐가는 외벽 페인팅과 'escape'라는 텍스트를 두른 작품으로 꾸며졌고, 곧 탐방객들의 사진 촬영 스폿이 되었다. 이 또한 실뱅 페리에의 작품이다.

해변으로 산책을 나서려는데 고양이 한 마리가 따라나서더니 종아리에 몸을 비벼오기 시작했다. 자세히 보니 지난 여행 때도 유난히 따르고 살갑게 대하던 녀석이었다.

— 나를 기억한다는 뜻이겠지?

착각이라도 좋았다. 좋은 기억은 이야기가 되고 또 여정을 빛나게 한다. 섬을 돌아보기 위해 길을 나섰다. 어디선가 은은한 음악 소리가 들려왔다. 섬 풍경과 어우러져 감성을 자극하는 그 소리의 출처는 가로등에 설치해놓은 벌과 달팽이 모양의 스피커였다. 섬 뒤편 해변과 방파제에는 많은 철제 조형물들이 설치되어 있었다. 고개가 끄덕여지는 멋진 작품들도 있었지만 몇몇은 마치 조경만을 위해 설치된 듯 보였다.

— 이런 조형물은 굳이 섬이 아니라도 흔하게 볼 수 있는 것 아닌가.

예술 섬 연홍도를 만드는 작업은 기본적으로 현지인들과 호흡해야 하며 외지에서 제작한 작품을 섬으로 가져와 설치하는 것에는 의미를 부여하기 어렵다던 선 관장의 이야기가 떠올랐다.

골목에서 시작하다

오래전 연홍도의 골목은 돌담과 돌담으로 이어져 정겨움이 물씬한 섬 정취를 가지고 있었다. 하지만 시간이 흐르고 땔감에 의존했던 연료가 기름으로 바뀌면서 연료 차량이 드나들 수 있는 넓은 길이 필요했다. 지금도 드문드문 남아있기는 하지만 대부분 돌담은 헐리고 골목에는 대신 콘크리트 담

벼락이 섰다. 섬을 찾는 까닭 중 하나는 마음속에 간직하고 있던 옛 시절의
기억, 그리고 그 배경이 되었던 공간에 대한 향수 때문이다. 그래서 연홍도
는 콘크리트 골목에라도 그 자취를 새겨놓기로 했다. 그렇게 아득한 추억은
벽화로 그려지고, 자연과 주민들의 생활에서 흔하게 쓰이다 버려진 폐품들
이 미술 작품으로 재탄생했다.

　잔뜩 녹이 슨 석쇠와 철근, 깨진 화분, 돌멩이, 바닷가로 떠밀려온 노와 부
표, 로프, 김 양식에 쓰이던 대나무, 조개와 소라 껍데기 등등 현대미술의 소
재는 무한해 보였다. 골목에서는 해변의 조형물과는 다른 재미와 애틋함이
느껴졌다. 어쩌면 섬 미술관의 주제와 스토리텔링은 연홍도 골목에 있을지
도 모른다는 생각을 했다.

미술관으로 돌아오니 근사한 저녁상이 차려져 있었다. 부인의 음식 솜씨는 단 한 번의 경험으로도 잊을 수 없었기에 문어찜과 간장게장, 그리고 양념 우럭구이는 마주하는 순간부터 너무 기대되었다. 이윽고 술잔이 채워지고, 식사가 시작되었다. "준비된 것이 없어서 대충 차렸어요"라는 인사말은 젓가락을 드는 순간 이미 무색해졌다. 현지 식재료 고유의 맛과 식감을 솜씨로 살려낸 최고의 밥상이었다.

연홍도의 꿈

따뜻한 밤을 보내고 미술관 마당으로 나왔을 때, 이미 첫배를 타고 많은 탐방객이 들어와 있었다. 물 빠진 바다에는 〈은빛물고기〉가 자태를 드러내었고, 바다 건너 금당도 역시 어제보다 더욱 또렷한 모습으로 섬 나들이의 배경이 되고 있었다. 사람을 떼어낸 섬은 온전한 의미로 이야기될 수 없다. 섬에서 태어나고 숙명처럼 그곳을 지켜온 것도 사람이요, 고단했던 삶의 역사 또한 사람의 몫이다. 선 관장은 누구보다 그것을 잘 이해하는 사람이다. 그가 꿈꾸는 연홍도 역시 사람이 살아왔고 살아가며 살아갈 섬을 지향한다.

많은 사람이 연홍도를 한국의 나오시마라고 얘기한다. 하지만 나오시마가 수많은 사람이 찾아드는 예술의 섬이 된 것은 예술가들의 자발적인 노력과 주민들의 참여가 있었고, 또한 섬이 가지고 있는 유·무형의 자취를 소중히 했기 때문이다.

'꿈꾸는 섬 미술관' 연홍도 또한 사람들이 찾아 머무는 섬이 되기를 바란다. 금당도 해안 절벽 위로 펼쳐지는 노을의 향연, 섬 하늘을 수놓은 별빛, 음악이 흐르는 밤바다 등은 머물지 않으면 보고 느낄 수 없는 것들이다. 섬을 만들어가는 사람들의 진심과 또 그것을 뒷받침하는 기관의 지혜가 모여 더욱 가치 있고 아름다운 섬 연홍도가 완성되기를 소망한다.

INFO

교통
녹동여객선터미널 하루 2회, 고흥군 금
산면 신양선착장 하루 7회

추천 액티비티
액티비티: 트레킹
*트레킹 코스: 연홍도 선착장-해변길-
아르끝-연홍미술관-전망대-몽돌해
변-연홍도 선착장

뷰포인트
연홍미술관, 아르끝, 벽화골목, 서쪽해
안가

숙박과 식당
마을 숙소와 식당 예약(사무장 010-
5064-0661)

문의
연홍미술관(선호남 관장 010-7256-
8855), 도선(010-8585-0769), 고흥
관광(http://tour.goheung.go.kr/tour/
index.do)

01 썰물에 온 몸을 드러낸 실뱅 페리에의 '은빛 물고기'. 02 섬의 북쪽에 그림처럼 자리한 연홍미술관. 03 금산 신양항에서 연홍도까지 하루 7차례 왕복하는 도선. 04 정크 미술의 자유로운 전시장 연홍도 골목. 05 '지붕 없는 미술관'이란 애칭이 너무도 잘 어울리는 섬 연홍도. 06 맛과 정성으로 차려진 연홍미술관의 섬 밥상.

01

02

태고로 거슬러 간 대자연의 파노라마

가거도

#대자연 #대리 #항리 #대풍리 #독실산 #섬등반도 #난코스
#백년등대 #삿갓재

쾌속선이 상태도에 도착한다는 선내 방송이 흘러나왔다. 목포항을 출발한
지 벌써 세 시간, 배는 이미 비금, 도초도와 흑산도를 지났다. 상태도는 접안
시설이 열악해 종선이 바다 가운데로 마중을 나와 사람과 짐을 내리고 싣는
다. 종선이 사라지고 섬 하나가 멀어지면 또 다른 섬이 다가온다. 갑판에는
섬으로 가는 생필품들이 차곡히 쌓여 있다. 하태도, 가거도, 만재도 등 섬과
받는 사람 이름만 표기해놓으면 그것들은 주인을 잘도 찾아간다. 하태도를
지나고 깜박 다시 졸았는가 싶었는데, 벌써 가거도항이란다. 웅장한 해안 절
벽이 서남해 끝 섬에 도착했음을 알린다. 이미 시간은 정오를 넘어섰다.

　걷고 싶어 걷는 것이 아니야!
　가거도에는 3개의 마을이 있다. 항구를 앞에 두고 행정시설과 학교, 민박,
식당이 밀집해 있는 1구 대리, 섬등반도가 있는 2구 항리, 등대가 가까운 3
구 대풍리가 그것이다. 9km² 면적으로 여의도와 비슷한 크기지만 중심에
해발 639m의 독실산이 버티고 있어 마을 간의 이동이나 탐방은 쉬운 편이
아니다(독실산은 한라산을 제외하고 울릉도 성인봉 다음으로 높은 섬 산이다).
　대중교통이 없는 가거도에서 이동수단은 민박집 차량이나 낚싯배, 그렇
지 않으면 도보에 의존해야 한다. 차를 빌려 타는 비용이 만만치 않고, 낚싯
배에 오르는 일도 홀로 여행자가 감당할 수준을 넘어서니 가거도에서의 일

정을 도보로 계획한 것은 어쩔 수 없는 선택이었다. 가거도항의 방파제 공사는 섬을 처음 찾았던 6년 전과 다름없이 아직도 진행 중이었다. 끊임없이 닥쳐오는 태풍 때문에 지루하게 반복되는 토목 공사는 마치 먼 섬이 가진 업보인 듯했다. 슈퍼에서 생수 한 병을 사고 주변을 돌아보니 바닷가 쪽으로 공원과 정자 몇 개가 들어선 것을 제외하고는 오래전 모습 그대로였다. 보건지소 앞에는 비석과 흉상이 놓였다. 4·19 때 학생 신분으로 순국한 김부련 열사의 것이다.

가거도는 7개 구간으로 나누어 탐방 코스를 안내하고 있다. 1일차 숙영지로 정한 곳은 섬등반도의 가거초등학교 항리분교 터로 2구간의 끄트머리다. 1구 대리마을에서 삿갓재(샛개재)까지는 섬에서 맞닥뜨리는 최초의 난코스다. 삿갓재는 섬의 모든 지역으로 가기 위해 통과해야 하는 일종의 교통 요지다. 배낭을 짊어진 채 구불거리고 가파른 길을 통과해, 고개에 오르려면 땀깨나 쏟아야 한다. 텐트와 침낭, 매트리스, 취사 도구, 옷가지 몇 점 등 장비 대부분을 경량으로 하고 식량 또한 행동식으로 최소화했지만, 패킹된 배낭 무게는 여전히 부담스러웠다. 삼각대와 카메라 렌즈를 포함한 촬영 장비들을 파격적으로 줄이지 않는 한 절대 해소되지 않을 문제다. 고통은 욕심의 무게에 비례한다.

거칠고 험한 서남해 끝점

섬등반도는 바다를 향해 용꼬리처럼 뻗어 있는 길이 1000m, 높이 100m의 해안 절벽으로 가거도 가장 서쪽에 위치한 지형이다. 섬등반도에 올라 바라보면 건너편 독실산 자락으로는 항리마을의 낡은 가옥들이 숨고, S자 도로가 어렵사리 이어진다. 6년 전만 해도 빛바랜 모습으로 남아있던 항리분교 교사는 어느새 철거되었고, 당시 애처로이 서 있던 소년상은 한쪽 팔을 잃어버린 흉물스러운 모습이 되어 있었다. 차라리 사라진 것이라면 추억이라도 되었을 테지만 오히려 남아있어 더욱 애틋하고 안타까울 따름이다.

항리마을은 한때 80여 가구가 살았을 만큼 활기 넘치는 동네였다. 파시가 끊이지 않았던 50~60년대엔 가거도 주민 수가 1500명을 넘었다. 영화롭던 시절은 이미 오래전 이야기가 되었다. 학교가 없어졌다는 것은 젊은 세대가 모두 떠났다는 의미다. 항리분교는 1998년 폐교되었다. 주민들이 노령화되고 주민 수가 줄어들면서 빈집이 생겨났다. 그리고 머지않은 날 마을도 텅 비게 될 것이다.

흔적은 때론 사라지고 더욱 초라한 모습으로 남겨져 빈집 마당을 굴러다닌다. 폐교터로 돌아와 간단히 식사했다. 건 버섯을 물에 불려 굽고 누룽지를 끓였다. 한 끼 식사로는 전혀 어울리거나 만족스럽지 않은 메뉴. 허기는 달랬지만, 여전히 속은 공허했다. 껍데기를 깨고 알맹이만 반찬 통에 담아왔던 달걀 5개 중 2개를 꺼내 달걀말이를 해 먹었다.

— 힘이 들더라도 좀 더 챙겨올 것을.

고기와 김치의 부재가 후회로 밀려드는 순간이었다.

섬등반도 정상으로 이어지는 길에는 안전펜스와 나무 계단이 단단하게 설치되어 있다. 섬등반도에서는 가거도의 반이 보인다고 했다. 경이로움은 사방 어느 곳에나 존재한다. 억겁을 이어온 대자연의 파노라마를 눈앞에 펼쳐둔 셈이다. 하늘에 자욱했던 미세먼지조차 일대의 웅장한 자태를 가리지는 못했다. 사정없이 휘몰아치는 바람에도 몸을 움츠릴 수 없었던 것은 붉게 물들어 가는 섬 하늘을 담아내기 위해서였다(섬등반도에서는 백령도 두무진과 함께 우리나라에서 가장 늦은 해넘이를 볼 수 있다).

바람은 밤새 텐트를 두드렸다. 잠시 밖으로 나와 바라보니 밤하늘에는 수많은 별이 반짝이고 있었다. 대한민국의 가장 거친 땅에 홀로 서 있는 듯한 느낌, 이 세상에는 오직 바람, 파도 소리만이 존재하는 듯했다.

백년등대를 찾아서

다음날, 가거도등대(백년등대)를 찾아 나서기로 했다. 섬 안내판에는 항리에서 등대로 가는 길은 나타나 있지 않았다. 신선봉을 끝점으로 더 이상의 길 표식은 없다. 그렇다면 삿갓재로 돌아가 독실산을 넘든지 대항마을을 거쳐야 한다. 하지만 마을 안쪽에는 분명 '백년등대 2.8km'라는 이정표가 세워져 있었다. 어느 것을 믿어야 할지 난감한 상황이었다.

한참을 고민하다가 마을 안 이정표를 신뢰하기로 했다. 2.8km 정도면 크게 힘들지 않을 것이라는 생각이 판단에 결정적 역할을 했다. 하지만 거친 비탈의 돌바닥을 차고 걸어야 하는 초입부는 내내 '이 길이 맞는가?' 하는 의심과 갈등을 머릿속에 채워넣었다. 겨우내 사람 인적이 끊어진 산길은 충분히 그럴 만한 몰골이 되어 있었다.

얼마나 걸었을까? '가거도 등대'라고 쓰인 반쯤 날아간 플라스틱 표지를 발견했다. 어쨌든 코스가 맞는다는 확신에 크게 안도하고, 다시 걸음에 박차를 가했다. 가거도 등대 1km, 험한 산길이라 쉽지 않았지만 얼마 남지 않았다는 생각에 날아갈 것 같았다. 하지만 그것도 잠시였다. 더 이상의 방향 표지판은 나타나지 않았다. 커다란 바위와 제멋대로 자라난 나무들이 시야를

가릴 뿐이었다. 부러진 나뭇가지들이 바위 사이에 쌓이고, 마른 잎들이 떨어져 그 위를 덮으니 발이라도 잘못 내딛었다가는 사고로 이어질 수도 있는 상황이었다. 구글맵과 나침반으로 대략의 방향을 잡고는 단단해 보이는 나뭇가지 두 개를 골라 지팡이로 삼았다. 그리고는 길을 찾는 대신 숲을 헤쳐나가기 시작했다. 그렇게 한참을 헤매고 가시덩굴을 온몸으로 뜯어내며 도착한 가거도등대.

"항리에서 넘어오셨어요? 아이고, 겨울에는 길 찾기가 어려워서 많이들 헤매시더라고요."

등대원(가거도 항로표지관리소 직원)이 혀를 끌끌 차며 말했다.

가거도 북쪽 끝에 있는 가거도등대는 '백년등대'라고도 한다. 1907년 처음으로 불을 밝혔으니 이젠 100년도 훌쩍 넘겼다. 일제강점기 때 가거도의 명칭은 소흑산도였다. 그래서 흑산도등대란 이름으로 불리다 2013년 등록문화재로 등재되면서 비로소 제 이름을 찾았다.

그립고 뭉클한 옛 소풍의 추억
"내 고향 가거도 사진보다가 또 눈물이 펑펑 납니다. 초등학교 때 너무 더우니까 선생님께서 바닷가 가서 멱 감고 오라고 했어요. 그런데 놀다가 늦

게 와서 단체로 철봉에 메달려 맴맴맴맴하며 벌 받았던 게 생각나 너무 그립네요. 2구가 고향인 저는 이장 딸이었어요. 울 아부지가 마을 일을 참 많이 하셨지요. 모두가 그립고 뭉클합니다. 먼 길 다녀오셨네요. 등대는 안 가 보셨죠? 소풍 가면 늘 설레던 곳. 등대를 한번 가 보세요."

2013년 가거도를 처음 탐방한 후, 블로그에 올린 글에 댓글 하나가 달렸다. 절절한 마음이 너무 반갑고 애틋해서 꼭 가 보겠노라고 대답했고, 몇 년이 지난 후 비로소 약속을 지키게 되었다. 아주 오래전, 항리분교 아이들의 소풍지였던 가거도 등대는 2017년 말에야 도로가 이어지고 차량 접근이 가능해졌다. 등대원은 비어 있는 방이 있으니 들어와 자는 것이 어떻겠냐고 했지만, 정중히 사양했다. 화장실과 물을 사용할 수 있도록 배려해 주는 것만으로도 충분했다.

항로표지관리소 구역 내에서 야영하는 것은 바람직하지 않다. 그것은 엄연한 국가시설이고, 또 그들이 일하는 근무지이기 때문이다. 계절은 아직 침낭을 덮고 비박을 하기에 괜찮았다. 더구나 7~8초에 한 번씩 등댓불이 위안이 돼준다면 더할 나위가 없다. 주차장 옆 마을 주민들의 쉼터라는 공간, 그 바닥이 그리 편할 수가 없었다.

억척의 땅 대풍리

눈을 뜨니 동트기 전이었다. 서둘러야 했던 것은 가거도항까지의 소요시간을 가늠할 수가 없었기 때문이다. 등대에서 3구 대풍리까지는 약 2km, 내리막길이지만 결코 즐거운 길은 아니다. 내려가면 그만큼 다시 올라가야 하기 때문이다. 대풍리는 가거도의 3개 마을 중 가장 열악한 환경을 가지고 있다. 억센 바닷바람을 고스란히 받아 견뎌야 했던 대풍리 또한 등대길과 같이 최근에야 도로가 연결되고 차량이 드나들기 시작했다.

바닷가 급경사를 따라 하나둘씩 내려선 가옥들은 남루했으며 풍파를 견뎌온 당당함조차 쓸쓸하게 느껴졌다. 대풍리 사람들은 미역 채취를 주업으로 하고 살았다. 가파른 지형 탓에 채취한 미역과 배로 들어온 생필품들은 도르래를 이용해 다시 마을까지 끌어올려야 했다. 척박한 대풍리에서는 작은 밭을 일구어내는 일조차 쉽지 않았다. 아름답고 평화로운 섬의 내면에는 늘 외롭게 삶을 이어온 사람들의 노고가 숨어있다.

대풍리 마을에서 독실산 삼거리까지는 S자 오르막이 셀 수 없이 반복된다. 끊임없이 이어지는 경사길에 몸과 마음은 녹초가 되어갔다. 고갯마루는 오르면 오를수록 까마득하게 느껴졌다. 지나는 차량이라도 있으면 체면 불구하고 사정해 볼 작정이었지만, 왕래 자체가 감감하니 어찌할 도리가 없었다. 20보 걷고 10초를 쉬었다. 꾸역꾸역 걷다 보니 어느덧 독실산 삼거리 고개, 더 이상의 오르막이 없다는 것을 확인한 순간, 다시금 힘이 솟았다. 삿갓재로 내려오자 1구 대리마을과 동개해수욕장이 한눈에 들어오기 시작했다. 등대를 출발한 지 3시간 반만이다.

예상보다 이른 도착에 배 탈 시각까지는 여유가 생겼다. 가게에 들러 즉석밥과 냉동 삼겹살을 사고 김치를 덤으로 얻었다. 갈망하던 한 끼가 이뤄지는 순간이었다. 참 멀리도 왔다. 기차로 4시간, 4시간을 기다리고 다시 4시간 배를 타고 찾아온 섬. 그래도 예상하지 못했던 경험을 더해 여정은 넉넉하게 채워졌다. 섬을 떠날 때마다 느껴지는 섭섭함의 크기는 거리에 비례하는지도 모른다. 갑판에 나와 멀어지는 가거도를 바라본다. 언제 다시 만날 수 있을까?

INFO

교통
목포연안여객선터미널 하루 1회(4시간 소요)

추천 액티비티
트레킹, 낚시, 캠핑

뷰포인트
독실산, 섬등반도, 가거도등대, 항리마을, 김부련하늘공원

숙박과 식당
섬누리펜션(010-8663-3392), 다희네민박(010-9213-5514), 한보민박(061-246-3413) 중앙식당민박(010-9882-5467), 해인식당(061-246-1522), 동구횟집(061-246-3292)

문의
전남의 섬(http://islands.jeonnam.go.kr), 흑산면 가거도출장소(061-240-8620), 가거도등대(061-246-5553)

01 삿갓재에서 바라본 동개해수욕장, 가거도항, 대리마을의 전경. **02** 세월의 흔적을 고스란히 품고 있는 항리분교 터의 소년상. **03** 우리나라에서 두 번째로 해가 늦게 지는 곳 섬등반도 **04** 항리마을에서 가거도등대까지 오래전 소풍 길이 궁금해졌다. **05** 우리나라 최서남단에 있는 가거도등대. **06** 등댓불 덕에 외롭지 않았던 하룻밤을 보냈다.

비경과 전설 그리고 숨은 인심을 만나는 섬
홍도

#천연보호구역 #유람선투어 #홍도10경 #홍도2구 #등대
#탐방전망대 #포장마차 #깃대봉 #홍도막걸리

여객선이 곧 홍도에 입항할 것이라는 선내 방송이 있자, 곧이어 출입구를
향한 긴 줄이 늘어섰다. 흑산도 예리항에 기항했던 여객선은 객실의 승객
대부분을 비워내고도 그 반을 다시 채웠다. 모두가 흑산도와 홍도를 묶어
여행하는 사람들이었다.

우리나라 최초의 천연보호구역
홍도항에는 펜션과 민박집 주인들이 나와 플래카드를 들고 예약 손님들
을 환영하고 있었다. 간혹 소수의 여행자에게도 아주 저렴한 가격으로 숙박
제안이 들어왔다.
"방 하나에 4만 원만 주쇼."
초겨울, 아직 매서운 추위가 찾아들지 않는 남쪽 섬 여행엔 여러모로 행
운이 따른다. 여유로운 승선 티켓 구매와 저렴한 숙소. 한국인이 가장 가보
고 싶어한다는 유명 관광지도 어쩔 수 없이 계절을 타게 마련이다. 막 선착
장을 빠져나오려는데 할머니 한 분이 말을 걸었다.
"혼자 왔는가? 숙소는 정하고? 이따가 포장마차로 놀러 오더라고, 13호
여. 잘해줄 탱게."
할머니들을 뵈면 왜 그리 마음이 편하고 좋은지, 곧바로 그러겠노라고 대
답했다. 선착장과 이어진 방파제에는 포장마차가 길게 늘어서 있었다. 정해

놓은 숙소는 없었지만 그렇다고 조바심이 나지는 않았다. 가능하다면 바닷가나 마을 주변에서 하룻밤을 보내고 싶었기 때문이다. 그 때문에 동계용 침낭과 폴대 없는 비박색만을 배낭에 넣어 왔다.

홍도는 다도해해상국립공원에 속하며 섬 전체가 홍도천연보호구역(천연기념물 170호)으로 지정되어 있다. '천연보호구역'이란 희귀 동·식물 서식지 또는 번식지를 대상으로 지질과 지형, 경관 등의 천연자원을 보호할 목적으로 선정된 구역이다. 우리나라에는 독도, 한라산, 우포늪 등 총 11개 천연보호구역이 있다. 그중 홍도는 각각 200여 종이 넘는 동·식물이 서식하고 상록수 분포지로 인정받아 1965년 가장 먼저 천연보호구역으로 지정됐다.

홍도 1구는 과거 '대밭밑' 또는 '죽항'이라는 이름으로 불렸다. 홍도를 이루는 2개의 큰 산, 고치산과 양세산의 자락이 만나는 곳에 형성된 마을은 관광객만을 위해 존재하는 것처럼 보였다. 비탈진 골목마다 숙박시설과 식당들이 들어서 있고, 그 사이로 면출장소, 성당, 우체국, 탐방지원센터도 자리해 앉았다.

4만 원짜리 민박이면 감지덕지

깃대봉까지 올라가기엔 남아있는 하루가 너무 짧았다. 마을 뒤편의 몽돌 해수욕장은 생각보다 바람이 강하고 거칠었다. 겨울에 접어들면 섬은 낮과 밤, 양지와 음지, 마을과 바다의 느낌 차가 확실하게 드러난다. 특히 남쪽의 섬은 비교적 기온이 따뜻해서 밝고 환한 지역은 계절을 무색하게 하지만 어둡고 사방이 트인 곳은 유독 바람이 드셌다. 특히 그 스산함 때문에라도 체감 추위는 배가된다. 관광객의 홍도 첫 마실은 대개 홍도분교 위 탐방전망대를 향한다. 걷기 싫어하는 사람들도 이곳만큼은 반드시 올라 인증샷을 찍

02

03

는다. 2구마을과 선착장, 몽돌해변 그 뒤편으로 양산봉을 포함한 홍도의 반이 오롯하게 조망되기 때문이다. 한 장의 사진만으로도 홍도 여행을 충분히 증명할 수 있는 사진 촬영 스폿 가운데 한 곳이다.

하룻밤을 보낼 장소는 찾아내지 못했다. 따지고 보면 전혀 없었던 것은 아니지만, 아무리 텐트 없이 자고 취사를 하지 않는 비박이라 해도 천연보호구역에서는 적절치 않다는 생각이 들었다. 또한 마을 안이라 해도 다른 여행자들에게 방해가 될 수 있다는 우려에서 포기했다. 욕심을 접으니 마음이 한결 가벼워졌다. 선착장에서 4만 원을 불렀던 민박을 찾아갔다. 낡은 여관 수준의 온돌방이었지만, 욕실이 딸려 있고 넓고 따뜻한 것만으로 만족했다.

포장마차 13호

민박 주인은 식당을 겸하고 있었다. 8000원 하는 백반의 주메뉴는 매운탕이었다. 반찬이 입맛에 맞았다. 마침 시장하던 터라 밥 한 공기를 후딱 비웠다. 그리고 한 공기를 더 주문하려던 찰나, 가까스로 멈추고 방으로 돌아왔다. 하마터면 포장마차에서 먹을 양까지 밥으로 채울 뻔했던 것이다.

불을 환하게 밝힌 식당에서는 삼삼오오 둘러앉은 여행자들이 술자리를 즐기고 있었다. 민박집 창문 너머로 웃음소리가 들려왔다. 일반적인 섬에서는 볼 수 없던 골목 풍경이다. 선착장 포장마차 촌으로 내려갔다. 각각의 포장마차 앞에는 문어, 소라, 전복, 홍합 등 살아있는 해물들이 고무 대야에 종류별로 담겨 있었다. 죽 늘어선 포장마차 사이로 '13'이란 숫자가 선명하게 보였다.

"저, 왔어요. 여기 13호 맞죠?"

"잉, 뭐 줄까? 전복도 좋고, 소라도 좋고." 할머니는 누구라도 상관없다는 표정으로 응수했다.

"아까 낮에 저더러 오라고 하셨잖아요, 약속 지켰으니까 잘해주세요."

자연산 전복 한 접시와 소주 한 병을 더해 3만 원에 내준다고 했다. 이윽고 얇게 썬 전복회가 나왔다. 양식과 비교하면 살이 단단하면서 찰졌다. 입안에선 향이 오래도록 진하게 남았다.

"오래 씹으니까 역시, 자연산이네요. 맛있어요."

"나가 바다에 나가 직접 잡은 거여. 그러니까 맛있제."

"그런데 홍합은 얼마에요? 국물이 있으면 좋겠는데."

"잉, 만원인데 일부러 찾아왔응께 서비스로 줄게."

어찌 되었든 약속을 지킨 대가로 테이블에는 손바닥 반만 한 자연산 홍합 4마리가 담긴 탕이 놓였고, 덕분에 소주 1병이 더욱 맛있게 비워졌다.

유람선을 타고

아침 일찍부터 선착장은 유람선을 타기 위한 관광객들로 북적이기 시작했다. 2만 5000원 하는 유람선 투어는 홍도 여행의 백미라 했다. 유람선 두 대가 동시에 선착장을 벗어나 항해를 시작했다.

홍도 해안은 마치 기암의 경연장과도 같았다. 유람선은 '남해의 소금강'이라 불리는 홍도의 해안 명소 여러 곳을 지난다. 그중에서도 홍도 10경을 지날 때마다 노련한 해설사의 경쾌한 설명으로 그 비경에 담긴 전설과 관련 이야기가 소개되었다. 석문 사이로 고깃배가 지나가면 만선이 된다는 남

문바위, 유배를 왔던 선비가 굴속에서 평생 거문고를 타며 세월을 보냈다는 실금리굴 그리고 석화굴, 탑섬, 만물상, 슬픈여, 부부탑, 독립문, 거북바위, 공작새바위 등 한시도 귀와 눈을 뗄 수가 없었다.

　유람선은 비경을 지날 때마다 배를 멈춰 가까이 살펴보고 사진 찍을 시간을 배려했다. 그런데 사실 내가 유람선에 승선한 이유는 홍도의 해안절경을 카메라에 담기 위해서기도 했지만, 직접 2구 마을로 가려는 의도도 포함되어 있었다. 석문이 콜라병을 빼닮은 바위를 지날 무렵, 선장님께 부탁했더니 2구 선착장에 홀로 내려줬다.

　밥 한 끼쯤이야, 인심 넘치는 홍도 2구

　배가 고파왔다. 아침 식사를 건너뛴 탓이었다. 지나는 아주머니가 있어 혹시 식당이 있는지를 물었더니 따라오라고 했다. 해녀 복장을 한 그녀를 따라 들어간 곳은 실내 작업장과 같은 분위기였다. 아주머니는 "이 사람, 밥

좀 쥐요"라는 말을 남기고 사라졌다. 그곳에선 연로하신 어르신과 외국인 근로자 등 다양한 사람들이 주낙을 손질하고 있었다. 어색함 탓에 말 한마디 못 붙이는 내 앞에 달걀국과 생선구이, 김, 도토리묵 등이 접시에 담긴 정갈한 밥상이 놓였다.

음식은 정말 맛있었다. 하지만 무슨 말을 건네야 편안하게 소화시킬 수 있을지 막막하던 찰라, 남자 어르신 한 분이 말을 걸어왔다. "어디서 왔느냐?", "뭐 하는 사람이냐?"처럼 별반 내용은 없었지만 몇 마디 섞고 나니 경직된 마음이 비로소 풀리는 느낌이었다. 알고 보니 이곳은 홍어잡이에 쓸 주낙을 손질하는 마을 공동작업장이었다.

흑산도 6척의 홍어잡이 배 중, 한 척은 홍도 2구 마을의 소유라 했다. 2구 마을은 홍어잡이 배를 정박시킬 시설이 없어 부득이 흑산도항을 이용하지만, 주낙만큼은 마을 주민들이 직접 손질해서 홍어잡이에 사용한단다. 평생을 주낙 바늘을 끼우며 살아오셨다는 할머니의 손놀림은 정말 빠르고 정확했지만, 손등에는 파스가 붙고 손가락 마디마다 갑옷같이 두꺼운 굳은살이 박여 있었다.

"우리 2구는 아직 인심이 좋아요, 마을을 찾아온 손님한테 밥 한 끼 대접 못할 정도로 야박하지 않습니다." 그중 가장 젊어 보이는 주민의 똑 부러지는 한마디에 밥값이 얼마인지 물었던 것이 뻘쭘해졌다.

2구의 자부심

홍도 2구는 1구와는 다른 전형적인 섬마을의 모습을 간직하고 있다. 오래전 주민들은 바다로 떨어지는 산비탈 자락에 어렵사리 집과 밭터를 만들고 마을을 이뤘다. 주민 대부분은 어업에 종사한다. 홍어잡이 배를 타고 그물을 손질한다. 또 여자들은 물질하며 채취한 해산물들을 1구에 내다 팔기도 한다. 잠깐 만난 주민들의 자부심은 대단해 보였다. 마치 조상 대대로 이어져 왔던 홍도의 전통과 맥을 지키는 사람들처럼.

등대로 가는 길가에는 화단 가꾸기 작업이 한창이었다. 2019년부터 시작된 '홍도 원추리 축제'를 준비하는 일이라 했다. 노란색 꽃을 피우는 원추리는 홍도를 상징하는 꽃이다.

홍도등대는 마을에서 멀지 않은 곳에 자리하고 있었다. 1931년에 만들어진 등대는 대륙 침략을 계획한 일제가 자국 함대의 안전한 항해를 위해 만들었던 것이라 했다. 홍도 등대는 해발 고도가 낮은 곳에 위치해 바다를 배경으로 한 풍광이 매우 자연스러워 인상적이었다. 특히 등대로 가는 길 중 하나는 후박, 동백나무가 숲 터널을 이루고, 또 다른 하나는 바다와 나란히 놓인 데크 길이다. 사람들이 홍도 2구를 찾는 이유는 결국 두 가지, 전통의 섬 정서와 등대 때문이었다.

365일 건강, 행복하소서

2구로 갈 때 유람선을 이용한 것은 1구에서 출발 후 갔던 길을 다시 되돌아오지 않기 위해서였다. 깃대봉은 해발 365m로 홍도에서 제일 높다. 2구에서 깃대봉을 찍고 다시 1구로 내려오는 탐방로는 그리 어렵지 않았다. 깃대봉은 2002년 산림청이 지정한 우리나라 100대 명산에 포함되었다. 깃대봉 정상에서 바라본 바다는 엷은 해무가 끼어 있어 기대했던 것만큼 선명하지는 않았다. 특히 가거도, 만재도, 상·중·하태도는 여행의 기억이 생생한 곳이라 잘 보이지 않는 것이 더욱 아쉬웠다. 하지만 깃대봉을 오르면 365일 건강하고 행복하다는 속설이 있어 그것을 믿기로 했다.

　　홍도분교 앞 골목에는 막걸리와 해물파전을 파는 작은 가게가 있었다. 홍도 막걸리가 궁금했던 터라 들어가 한 병을 주문했다. 어머니가 만든 막걸리를 딸이 가게를 내어 판다고 했다. 섬 막걸리에선 정성의 맛이 느껴졌다. 원래 가족과 이웃을 위해 귀하게 만들어졌기 때문이다. 우리가 여행지에서 만나고 감동을 하는 모든 것들에는 그만한 까닭이 있다. 이제 홍도를 뒤로하고 또 다른 흑산의 섬을 찾아 나선다. 귀한 것을 알아볼 수 있는 혜안이 내게 있기를 기원하며.

목포연안여객선터미널 하루 2회

추천 액티비티
트레킹, 낚시

뷰포인트
깃대봉, 홍도2구등대, 해상유람선, 일출
전망대, 몽돌해변, 동백숲

숙박과 식당
천사호텔(010-7171-8173), 지영민
박(061-246-2914), 하나민박(061-
246-3736), 홍도민박(2구, 061-246-
3809), 광성횟집(061-246-1122), 해
맞이수산(061-246-3742) 외 다수

문의
홍도넷(http://hongdonet.com), 홍도
관광안내소(061-246-2280), 홍도관
리사무소(061-246-3700)

PLACE

홍도 청어와 미륵
깃대봉 탐방로 4~5부 능선에 세워진 2
기의 돌로 남미륵(남자 미륵), 여미륵(여
자 미륵)이라 불린다. 1구마을의 이름을
따 '죽항미륵'이라고도 부른다. 홍도가
청어 파시로 호황을 이루던 시절, 어느
날부턴가 그물을 던지면 청어 대신 둥근
돌만 걸려나왔다. 이를 이상하게 여기던
한 어민이 꿈에서 그 돌을 깃대봉 좋은
곳에 모시면 풍어가 든다는 계시를 받았
다. 어민들이 그 말대로 행하자 다시 고
기잡이를 나갈 때마다 청어 만선을 할 수
있었다는 이야기가 전해진다.

연인의 길
사계절 초록을 유지하고 있는 동박나무,
후박나무, 구실잣밤나무, 황칠나무 등으
로 이뤄진 상록수 활엽수 숲길로 깃대봉
탐방로 중 가장 아늑하고 편안하게 걸을
수 있는 코스다. 특히 각기 다른 뿌리에
서 나와 한 몸의 나무가 된 구실잣밤나무
연리지를 지나 이 길을 걸으면 연인들의
사랑이 이뤄지고 부부 금슬이 더 좋아진
다고 해서 '연인의 길'로 명명했다.

숨골재
한 주민이 절구공이로 쓸 나무를 베다
작은 굴에 빠뜨렸다. 다음날 고기잡이를
하다 나무를 주웠는데 자세히 보니 전날
빠뜨린 나무였다. 그로 인해 굴이 바다
로 통함을 알았고 숨골재라 부르기 시작
했다. 숨골재에서는 여름에는 시원한 바
람이 겨울에는 따뜻한 바람이 나온다.

숯가마터
숯가마터 주변은 참나무 자생지로 숯을
굽기에 알맞은 조건을 갖추고 있다. 숯
가마는 전면에는 아궁이가 뚫려 있고 뒷
면에는 굴뚝 기능의 구멍이 나 있다. 홍
도에는 총 18기의 숯가마 터가 있는데
1940년대까지 숯을 만들다가 이후 사
용하지 않았다. 이곳에서 만든 숯은 식
량과 소금을 사는 데 이용됐고, 빗물을
받아 둔 항아리에 넣어 정수 용도로 쓰
기도 했다.

01 남해의 소금강으로 불리는 홍도의 해안 비경. 02 초겨울임에도 관광객으로 북적이는 홍도항. 03 접안 전 유람선에서 바라본 홍도 2구. 04 해녀 포장마차 서비스 홍합탕의 위용. 05 1구와는 전혀 다른 2구 마을의 정취가. 06 예기치 않게 생겨난 밥 한 끼의 인연. 07 맑은 날에 다시 올라가고픈 깃대봉 정상. 08 홍도 막걸리를 먹을 수 있는 홍도분교 앞 간이식당. 09 식구들끼리 먹자고 시작해 대대로 내려온 섬 막걸리. 10 인증샷이라 면 홍도분교 위 탐방전망대에서!

01

02

PLUS 다리가 놓인 섬 _ 신안 편

천사대교를 건너 암태도에서 안좌도까지

전라남도 신안군의 자은도, 암태도, 팔금도, 안좌도는 각기 큼직한 면 단위 섬인데 서로 다리로 연결되어 있다. 육지와는 여객선만이 유일한 교통수단이었던 섬들은 2019년 4월 압해도(신안군청 소재지)와 암태도를 잇는 천사대교가 개통하면서 차를 타고 편하게 오갈 수 있게 됐다. 접근이 쉬워지자 방문객 수도 급격히 늘었다. 1년 통틀어야 100만이 되지 않던 관광객은 1년이 채 지나지 않아 400만 명을 넘어섰다.

추포도에도 들러 보세요 _암태도

천사대교를 건너 길을 따라가다 보면 기동삼거리와 마주친다. 이곳에서 자은도 방향으로 가려면 우회전, 팔금, 안좌는 좌회전을 해야 한다. 삼거리 전면 담벼락에는 여행자들의 눈길을 사로잡는 벽화가 그려져 있다. 집주인 노부부의 인자한 얼굴 위로 동백나무 가지가 풍성하게 꽃을 피웠다. '동백나무 파마머리 벽화'는 섬의 첫인상이 되었고, 그 기발함은 여행의 또 다른 재미를 기대케 했다.

암태도에는 추포도라는 작은 섬이 연결되어 있다. 300년 전, 섬사람들은 두 섬을 건너다니기 위해 2.5km 개펄 위에 노두 돌을 놓았다. 이후 아스라한 흔적 옆으로 콘크리트 다리가 생겨나더니, 현재는 전천후 대교가 완공을 앞두고 있다. 물 때의 눈치를 보지 않고도 해넘이가 아름다운 추포해변을 거닐거나 드넓은 개펄에서 잡히는 청정 추포 낙지를 맛볼 수 있게 되었다. 이제는 서울과 광주, 목포에서 출발한 고속버스가 암태도 남강항을 오간다. 이곳에서 비금도까지는 불과 40분, 하루 16차례 여객선이 다닌다. 얼마 전까지 평범한 포구였던 남강항은 이제 신안 섬 여행의 요지가 되었다.

9곳의 해수욕장 _자은도

자은도는 여름철 해수욕장으로 이용되는 해변을 무려 9곳이나 가지고 있는 천혜의 섬이다. 특히 백길해변은 자은도의 상징이라 할 정도로 경취가 빼어나고, 폭 900m의 넓고 깨끗한 백사장에 거침없는 전망이 그만인 곳이다. 특히 야영 데크가 일정한 간격으로 놓여 있으며 제반시설이 잘 갖춰져 캠핑을 즐기기에도 안성맞춤이다.

분계해변은 과거 방풍림으로 조성했던 송림이 울창하고 인위적 시설물에 의존하지 않은 자연 그대로의 환경이 매우 인상적이다. 둔장해변은 섬의 북쪽에 위치해 있다. '무한의 다리'는 이곳 해변과 무인도인 고도, 할미도를

잇는 1004m의 보행교로 '다리로 연결된 섬과 섬의 연속성과 끝없는 발전'
이라는 의미를 담고 있다. 특히 할미도는 조수간만의 차이를 이용하는 전통
적인 고기잡이 방식인 '독살'이 있는 곳으로 그 규모가 동양 최대라 한다. 지
난여름 천사대교를 건너온 수많은 피서객은 자은도 해변에서 휴가를 즐겼
고, 겨울 여행도 부쩍 늘어나는 추세다. 향후 호남권 최대의 휴양지로 오르
내리는 자은도에는 이미 대규모 리조트가 건설 중이다.

섬 본연의 모습 _ 팔금도

팔금도는 신안의 면 단위 섬 가운데 가장 크기가 작고, 연도된 섬 중에서도 관광 인프라가 상대적으로 빈약하다. 목포 북항에서 팔금 고산항까지 여객선이 다녔지만 천사대교가 개통되면서 뱃길은 그 임무를 마치고 사라졌다. 하지만 섬은 크게 달라진 것이 없어 보였다. 팔금도를 이룬 8개 섬은 여전히 쓸쓸했고 개펄을 욕심내는 이는 없었다. 하지만 오히려 그런 점이 팔금도의 매력으로 여겨졌다. 섬은 섬의 모습을 하고 있을 때, 정서적 공감을 갖게 한다.

겨울을 보내고 봄이 오면 팔금도 전역은 노란 유채꽃으로 물든다. 면사무소 근처에는 주민들의 입을 통해 알려진 식당이 있다. 일명 '억순이의 기찬 밥상'으로 불리는 식당은 주인 마음대로 메뉴를 정하고 반찬을 내어주는 것으로 유명하다. 섬에서 나는 제철 식재료로 만들어내는 섬 밥상. 모처럼 다시 찾았던 날에도 송어젓(밴댕이젓), 갈치속젓, 어리굴젓, 칠게장이 접시에 놓이고 뜬금없는 닭볶음탕이 상위에 올랐다.

김환기 화백의 고향 섬 _안좌도

2019년 11월 홍콩 크리스티 경매에서 김환기 화백의 그림 〈우주〉가 우리나라 역사상 최고가인 153억 원에 낙찰되었다. 안좌도는 추상화가 김환기의 고향이다. 안좌도 읍동선착장에는 그의 대표작 〈사슴〉을 형상화한 조형물이 설치되어 있다. 화가에 대한 섬의 자부심은 커다란 창고 벽면에서 지은 지 100년이 되었다는 마을 안 그의 고택까지 정성껏 이어진다. 머지않아 설립될 기념미술관은 김환기를 탄생시킨 안좌도의 자부심이 될 예정이다.

안좌도는 유인도 10개, 무인도 53개를 품고 있다. 안좌도 남쪽의 반월, 박지도는 본 섬과는 '천사의 다리'라 불리는 목교로 연도되어 섬 트레커들에게 각광을 받아왔다. 최근에는 두 섬에서 자생하는 청도라지 꽃에 착안해 보라색을 테마로 프로젝트를 진행 중이다. 다리는 '퍼플교'라는 이름으로 재탄생했고, 안좌도 두리마을을 포함한 두 섬의 지붕은 모두 보라색으로 칠해졌다.

01 2010년에 착공해 2019년 완공된 천사대교. 02 이제는 암태도의 상징이 된 동백파마머리벽화. 03 신안 해상교통의 요충지가 암태도 남강항. 04 다리가 놓여도 여전히 섬사람인 갯벌 노인. 05 면전해변 부근의 섬 해양관광 탐방로. 06 지금은 무인도가 되어버린 팔금도의 부속섬 거사도 노두교. 07 팔금도 하나로마트 앞 억순이의 기찬밥상(돼지촌) 백반. 08 암태도 읍동에 있는 김환기 화백 생가.

INFO

뷰포인트

암태도(동백머리벽화, 추포해변, 승봉산, 에로스서각박물관, 남강선착장, 송공우실, 익금우실), 자은도(백길해변, 분계해변 여인송, 무한의 다리, 할미도, 가진머리해변, 수석공원, 뮤지엄파크), 팔금도(유채꽃평야, 원산저수지, 거사도, 팔금3층석탑, 석학산등산로, 채일봉, 매도 노두길), 안좌도(김환기생가, 북지선착장, 퍼플교, 화석광물박물관, 한운리등산로, 반월도, 박지도)

숙박과 식당

천사대교민박(암태도, 010-4016-0356), 남강하하펜션(암태도, 010-4934-3308), 추포어촌체험마을펜션(추포도, 사무장 010-9249-2152), 나무늘보펜션(자은도, 010-9132-5419), 밀알촌(자은도, 061-271-4200), 동백횟집민박(팔금도, 061-271-1208), 해피하우스펜션(안좌도, 010-5413-0474), 하나로식당(암태도, 061-271-2400), 숙자네식당(자은도, 061-271-3884), 억순이의기찬밥상(팔금도, 010-4198-2400), 섬마을음식점(안좌도, 061-262-0330) 외 다수

문의

신안군문화관광(https://tour.shinan.go.kr)

07

08